配电网规划与设计
应知应会

● 苏安龙 主 编

王春生 王 勇 副主编

 大连理工大学出版社

图书在版编目(CIP)数据

配电网规划与设计应知应会 / 苏安龙主编. -- 大连：
大连理工大学出版社，2022.12
ISBN 978-7-5685-3926-5

Ⅰ. ①配… Ⅱ. ①苏… Ⅲ. ①配电系统－电力系统规
划－系统设计 Ⅳ. ①TM715

中国版本图书馆 CIP 数据核字(2022)第 160876 号

大连理工大学出版社出版
地址：大连市软件园路 80 号　邮政编码：116023
发行：0411-84708842　邮购：0411-84708943　传真：0411-84701466
E-mail：dutp@dutp.cn　　URL：https://www.dutp.cn
大连图腾彩色印刷有限公司印刷　　大连理工大学出版社发行

幅面尺寸：170mm×240mm　　印张：6.5　　字数：119 千字
2022 年 12 月第 1 版　　2022 年 12 月第 1 次印刷

责任编辑：王晓历　　　　　　　　　责任校对：常　皓
封面设计：张　莹

ISBN 978-7-5685-3926-5　　　　　　定　价：38.80 元

本书如有印装质量问题，请与我社发行部联系更换。

前 言

为全面推动"碳达峰、碳中和",深入推进辽宁省电力有限公司"一体四翼"高质量发展,加快构建新型电力系统。配电网作为城乡重要基础设施,具备新型电力系统全部要素,既承担着广泛的政治责任、经济责任和社会责任,也是发展新业务、新业态、新模式的物质基础。由于配电网涉及的电压等级多、覆盖面广、项目繁杂,同时又直接面向社会,涉及民生用电,与城乡发展规划、用户多元化需求、新能源和分布式电源发展密切相关,配电网规划作为龙头,对配电网高质量发展意义重大。

为夯实"四级规划,五级参与"电网规划工作体系,充分发挥市、县层级配电网规划人员的作用,需要一本符合国网辽宁省电力有限公司实际情况且能够全面解答配电网规划相关问题的工具书,以便高效地开展配电网规划相关工作。为此,本书编写团队结合国家、行业、企业标准和政策文件要求,从历年规划工作遇到的实际问题出发,完成本书编写工作。本书共分4章,从配电网规划(管理)、配电网规划(技术)、用户及电源接入、前期工作管理及可行性研究深度要求等方面,梳理有关政策、法律法规及相关标准。

本书编写团队均为配电网规划方面资深从业者,包括多位长期从事配电网规划的一线专家。本书由国网辽宁省电力有限公司发展部苏安龙任主编;由国网辽宁省电力有限公司发展策划部王春生,国网辽宁省电力有限公司经济技术研究院王勇任副主编;国网辽宁省电力有限公司经济技术研究院梁毅,国网辽宁省电力有限公司发展部宋卓然,国网辽宁省电力有限公司经济技术研究院韩震焘,国网辽宁省电力有限公司发展部窦文雷、李剑锋、姜涛,国网辽宁省电力有限公司经济技术研究院张子信、尹婧娇、叶小忱,国网辽宁省电力有限公司丹东供电公司冯寅峰,国网辽宁省电力有限公司沈阳供电公司王阳,国网辽宁省电力有限公司经济技术研究院杨天蒙、张泽宇,国网辽宁省电力有限公司阜新供电公司刘乃胜,国网辽宁省电力有限公司丹东供电公司孙佳男,国网辽宁省电力有限公司鞍山供电公司赵郁婷,国网辽宁省电力有限公司葫芦岛供电公司高飞,国网辽宁省电力有限公司经济技术研究院金宇飞、王麒翔、齐阳、黄晓义,国网辽宁省电力有限公司沈阳供电公司刘宇,国网辽宁省电力有限公司电力办公室许小鹏,国网辽宁省电力有限公司发展部郭永、王征、李雍睿、佟永吉、朱洪波、芦思晨、李松参与了编写。具体编写分工如下:第1章由苏安龙、王春生、宋卓然、张子信、王阳、杨天蒙、齐阳、许小鹏编写；第2章由王勇、梁毅、韩震焘、李剑锋、赵郁婷、王麒翔编写；第3章由尹婧娇、叶小忱、冯寅峰、孙佳男、高飞、黄晓义、佟永吉编写；第4章由窦文雷、姜涛、张泽宇、刘乃胜、金宇飞、刘宇、郭永、王征、李雍睿、朱洪波、芦思晨、李松编写。

本书旨在指导不同层级规划人员快速、准确掌握配电网规划相关标准要求，全面提升各级配电网规划从业人员的专业水平，为辽宁配电网规划工作提供技术支撑。

在编写本书的过程中，编者参考、引用和改编了国内外出版物中的相关资料以及网络资源，在此表示深深的谢意！相关著作权人看到本书后，请与出版社联系，出版社将按照相关法律的规定支付稿酬。

限于水平，书中仍有疏漏和不妥之处，敬请各位专家和读者批评指正，以使教材日臻完善。

编 者

2022 年 12 月

所有意见和建议请发往：dutpbk@163.com

欢迎访问高教数字化服务平台：https://www.dutp.cn/hep/

联系电话：0411-84708462　84708445

目 录

第1章

配电网规划（管理）

1.1　基本概念

本节根据 2020 年国家电网发布的《配电网规划设计技术导则》（Q/GDW 10738—2020）、2016 年国家电网发布的《电力系统无功补偿配置技术导则》（Q/GDW 1212—2015）、2016 年国家电网发布的《配电网规划计算分析功能规范》（Q/GDW 11542—2016）、2018 年国家电网发布的《配电网规划项目技术经济比选导则》（Q/GDW 11617—2017）编制。

1. 配电网

从电源侧（输电网、发电设施、分布式电源等）接收电能，并通过配电设施就地或逐级分配给各类用户的电力网络，对应电压等级一般为 110 kV 及以下。其中，110～35 kV 电网为高压配电网，10（20、6）kV 电网为中压配电网，220/380 V 电网为低压配电网。

2. 分布式电源

接入 35 kV 及以下电压等级电网、位于用户附近，在 35 kV 及以下电压等级就地消纳为主的电源。

3. 最大负荷

在统计期内，规定的采集间隔点对应负荷中的最大值。

4. 规划计算负荷

在最大负荷基础上,结合负荷特性、设备过载能力以及需求响应等灵活性资源综合确定的配电网规划时所采用的负荷。

5. 网供负荷

同一规划区域(省、市、县、供电分区、供电网格、供电单元等)、同一电压等级公用变压器同一时刻所供负荷之和。

6. 饱和负荷

规划区域在经济社会水平从发展到成熟阶段的最大用电负荷。

当一个区域发展至某一阶段,电力需求保持相对稳定(连续 5 年年最大负荷增速小于 2%,或年电量增速小于 1%),且与该地区国土空间规划中的电力需求预测基本一致,可将该地区该阶段的最大用电负荷视为饱和负荷。

7. 负荷发展曲线

描述一定区域内负荷所处发展阶段(慢速增长初期、快速增长期以及缓慢增长饱和期)的曲线。

8. 供电分区

在地市或县域内部,高压配电网网架结构完整、供电范围相对独立、中压配电网联系较为紧密的区域。

9. 供电网格

在供电分区划分基础上,与国土空间规划相衔接,具有一定数量高压配电网供电电源、中压配电网供电范围明确的独立区域。

10. 供电单元

在供电网格划分基础上,结合城市用地功能定位,综合考虑用地属性、负荷密度、供电特性等因素划分的若干相对独立单元。

11. 容载比

某一规划区域、某一电压等级电网的公用变电设备总容量与对应网供最大负荷的比值。

12. 中压主干线

变电站的 10(20、6)kV 出线,并承担主要电力传输的线段。

具备联络功能的线段是主干线的一部分。

13. 供电半径

中低压配电线路的供电距离是指从变电站(配电变压器)出线到其供电的最远负荷点的线路长度。

变电站的供电半径为变电站的 10(20、6)kV 出线供电距离的平均值。

配电变压器的供电半径为配电变压器的低压出线供电距离的平均值。

14. 供电可靠性

配电网向用户持续供电的能力。

15. N-1 停运

高压配电网中一台变压器或一条线路因故障或计划退出运行。

中压配电线路中一个分段(包括架空线路的一个分段,电缆线路的一个环网单元或一段电缆进线本体)因故障或计划退出运行。

16. N-1-1 停运

高压配电网中一台变压器或一条线路在因计划停运的情况下,同级电网中相关联的另一台变压器或一条线路也因故障退出运行。

17. 供电安全水平

配电网在运行中承受故障扰动(如失去元件或发生短路故障)的能力,其评价指标是某种停运条件下(通常指 N-1 或 N-1-1 停运后)的供电恢复容量和供电恢复时间。

18. 负荷组

由单个或多个供电点构成的集合。

19. 组负荷

负荷组的最大负荷。

20. 转供能力

某一供电区域内,当电网元件发生停运时电网转移负荷的能力。

21. 网络重构

中压配电网中,通过改变分段开关、联络开关的分合状态重新组合、优化网络运行结构。

22. 双回路

为同一用户负荷供电的两回供电线路,两回供电线路可以来自同一变电站的同一段母线。

23. 双电源

为同一用户负荷供电的两回供电线路,两回供电线路可以分别来自两个不同变电站,或来自不同电源进线的同一变电站内的两段母线。

24. 多电源

为同一用户负荷供电的两回以上供电线路,至少有两回供电线路分别来自两个不同变电站。

25. 微电网

由分布式发电、用电负荷、监控、保护和自动化装置等组成(必要时含储能装置),是一个能够基本实现内部电力电量平衡的小型供用电系统。微电网分为并网型微电网和独立型微电网。

26. 无功补偿装置

安装于电力系统(包括发电、输电、配电、用电各环节)用于补偿、平衡无功功率的装置,包括并联电容器装置、并联电抗器装置、调相机、静止无功补偿装置或静止无功发生器等。

27. 静止无功补偿装置

由静止元件构成的并联可拉无功功率补偿装置,通过改变其容性或感性等效阻抗来快速准确地调节无功功率,维持系统电压稳定。

28. 静止无功发生器

一种并联接入系统的电压源换流器装置,其输出的容性或感性无功电流连续可调且在可运行系统电压范围内与系统电压无关。

29. 自动电压控制

利用计算机系统、通信网络和可调控设备,根据电网实时运行工况在线计算控制策略,自动闭环控制无功和电压调节设备,以实现合理的无功电压分布。

30. N-1 停运

(a)110~35 kV 电网中一台变压器或一条线路故障或计划退出运行。

(b)10kV 线路中一个分段(包括架空线路的一个分段,电缆线路的一个环网单元或一段电缆进线本体)故障或计划退出运行。

31. 系统图

按照图形拓扑关系规则,依据一定的排布成图规则和特定数据类型,从地理电网模型抽取的反映区域电网连接关系的逻辑图。

32. 电网地理接线图

以 GIS(地理信息系统,Geographic Information System,简称 GIS)为背景,在上面以经纬度的方式精确标注或显示电力设备,如发电厂、变电站、线路、杆塔、电缆等地理位置的接线图。

33. 单线图

将电网地理接线图中的单条线路(馈线)以横平竖直的形式展现的、反映电网设备连接关系和状态的逻辑图。

34. 关联电网

因某个(批)规划项目的建设,供电负荷、网损、供电可靠性、电能质量等指标受到显著影响的变电站(开关站、配变)和线路的集合。

35. 资产全寿命周期

项目从形成资产至退役的周期,包含规划设计、工程建设、运维检修、更新及退役报废等阶段。

36. 净年值法

以资产全寿命周期净年值大于或等于零且净年值最大作为最优方案的判别方法。

37. 最小费用法

以资产全寿命周期费用最小作为最优方案的判别方法。

38. 效益成本比法

以资产全寿命周期内效益与成本之比最大作为最优方案的判别方法。

39. 互斥方案

方案之间存在着互不相容、互相排斥的关系，在进行比选时，各个备选方案中只能选择一个，其余的均需放弃，不能同时存在。在本标准中，用于解决同一问题的不同方案比选，如规划项目方案等。

40. 独立项目

各项目不具有相关性，任一项目的决策与自身的可行性有关，而与其他项目无关。规划库中的独立项目可进行优选排序。

41. 安全供电负荷

在设备供电能力范围内且符合供电安全标准要求的供电负荷。

42. 安全增供负荷

项目实施前后关联电网安全供电负荷的变化值。

43. 增供电量

项目实施后比实施前增加的供电量，应考虑项目在关联电网中对电量增长的贡献比例。

44. 增供电量分摊系数

在关联电网范围内，摒除其他新建及存量设备的贡献影响，将增供电量分摊至待比选项目的比例系数。

45. 增供电量效益

在供电能力提升范围内，增加供电量而产生的直接经济效益。

46. 缺供电量

在给定时间内，因一个或几个非正常条件而引起的电力系统少供的电量。

47. 单位电量停电损失

单位停供电量造成的经济和社会损失。

48. 可靠性效益

因网架优化、设备升级、自动化水平提升等，降低用户停电次数或减少用户停电损失电量而产生的直接及间接经济效益。

1.2 基本规定

本节根据 2020 年国家电网发布的《配电网规划设计技术导则》(Q/GDW 10738—2020)编制。

1. 配电网应具有科学的网架结构、必备的容量裕度、适当的转供能力、合理的装备水平和必要的数字化、自动化、智能化水平,以提高供电保障能力、应急处置能力、资源配置能力。

2. 配电网规划应坚持各级电网协调发展,将配电网作为一个整体系统,满足各组成部分间的协调配合、空间上的优化布局和时间上的合理过渡。各电压等级变电容量应与用电负荷、电源装机和上下级变电容量相匹配,各电压等级电网应具有一定的负荷转移能力,并与上下级电网协调配合、相互支援。

3. 配电网规划应坚持以效益效率为导向,在保障安全质量的前提下,处理好投入和产出的关系、投资能力和需求的关系,应综合考虑供电可靠性、电压合格率等技术指标与设备利用效率、项目投资收益等经济性指标,优先挖掘存量资产作用,科学制定规划方案,合理确定建设规模,优化项目建设时序。

4. 配电网规划应遵循资产全寿命周期成本最优的原则,分析由投资成本、运行成本、检修维护成本、故障成本和退役处置成本等组成的资产全寿命周期成本,对多个方案进行比选,实现电网资产在规划设计、建设改造、运维检修等全过程的整体成本最优。

5. 配电网规划应遵循差异化规划原则,根据各省各地和不同类型供电区域的经济社会发展阶段、实际需求和承受能力,差异化制定规划目标、技术原则和建设标准,合理满足不同区域发展、各类用户用电需求和多元化主体灵活便捷接入。

6. 配电网规划应全面推行网格化规划方法,结合国土空间规划、供电范围、负荷特性、用户需求等特点,合理划分供电分区、网格和单元,细致开展负荷预测,统筹变电站出线间隔和廊道资源,科学制定目标网架及过渡方案,实现由现状电网到目标网架的平稳过渡。

7. 配电网规划应面向智慧化发展方向,加大智能终端部署和配电通信网建设,加快推广应用先进信息网络技术、控制技术,推动电网一、二次和信息系统融合发展,提升配电网互联互济能力和智能互动能力,有效支撑分布式能源开发利用和各种用能设施"即插即用",实现"源网荷储"协调互动,保障个性化、综合化、智能化服务需求,促进能源新业务、新业态、新模式发展。

8.配电网规划应加强计算分析,采用适用的评估方法和辅助决策手段开展技术经济分析,适应配电网由无源网络到有源网络的形态变化,促进精益化管理水平的提升。

9.配电网规划应与政府规划相衔接,按行政区划和政府要求开展电力设施空间布局规划,规划成果纳入地方国土空间规划,推动变电站、开关站、环网室(箱)、配电室站点,以及线路走廊用地、电缆通道合理预留。

1.3　规划区域划分

本节根据 2020 年国家电网发布的《配电网规划设计技术导则》(Q/GDW 10738—2020)编制。

1.3.1　划分原则

(1)供电区域划分是配电网差异化规划的重要基础,用于确定区域内配电网规划建设标准,主要依据饱和负荷密度,也可参考行政级别、经济发达程度、城市功能定位、用户重要程度、用电水平、GDP 等因素确定。

①供电区域面积不宜小于 5 km^2;

②计算饱和负荷密度时,应扣除 110(66)kV 及以上专线负荷,以及高山、戈壁、荒漠、水域、森林等无效供电面积;

③供电区域划分见表 1-1,以表中主要分布地区一栏作为参考,在实际划分时应综合考虑其他因素。

表 1-1　　　　　　　　　　　供电区域划分

供电区域	A+	A	B	C	D	E
饱和负荷密度 (MW/km^2)	$\sigma \geqslant 30$	$15 \leqslant \sigma < 30$	$6 \leqslant \sigma < 15$	$1 \leqslant \sigma < 6$	$0.1 \leqslant \sigma < 1$	$\sigma < 0.1$
主要分布地区	直辖市市中心城区,或省会城市、计划单列市核心区	地市级及以上城区	县级及以上城区	城镇区域	乡村地区	农牧区

(2)供电区域划分应在省级公司指导下统一开展,在一个规划周期内(一般为五年)供电区域类型应相对稳定。在新规划周期开始时调整的,或有重大边界条件变化需在规划中期调整的,应专题说明。

(3)电网建设形式主要包括以下几个类别:变电站建设形式(户内、半户内、户外)、线路建设形式(架空、电缆)、电网结构(链式、环网、辐射)、馈线自动化及通信方式等。

1.3.2 供电分区

供电分区宜衔接城乡规划功能区、组团等区划,结合地理形态、行政边界进行划分,规划期内的高压配电网网架结构完整、供电范围相对独立。供电分区一般可按县(区)行政区划划分,对于电力需求总量较大的市(县),可划分为若干个供电分区,原则上每个供电分区负荷不超过 1 000 MW。

供电分区划分应相对稳定、不重不漏,具有一定的近远期适应性,划分结果应逐步纳入相关业务系统中。

1.3.3 供电网格

供电网格宜结合道路、铁路、河流、山丘等明显的地理形态进行划分,与国土空间规划相适应。在城市电网规划中,可以街区(群)、地块(组)作为供电网格;在乡村电网规划中,可以乡镇作为供电网格。

供电网格的供电范围应相对独立,供电区域类型应统一,电网规模应适中,饱和期宜包含 2～4 座具有中压出线的上级公用变电站(包括有直接中压出线的220 kV 变电站),且各变电站之间具有较强的中压联络。

在划分供电网格时,应综合考虑中压配电网运维检修、营销服务等因素,以利于推进一体化供电服务。

供电网格划分应相对稳定、不重不漏,具有一定的近远期适应性,划分结果应逐步纳入相关业务系统中。

1.3.4 供电单元

供电单元一般由若干个相邻的、开发程度相近的、供电可靠性要求基本一致的地块(或用户区块)组成。在划分供电单元时,应综合考虑供电单元内各类负荷的互补特性,兼顾分布式电源发展需求,提高设备利用率。

供电单元的划分应综合考虑饱和期上级变电站的布点位置、容量大小、间隔资源等影响,饱和期供电单元内以 1～4 组中压典型接线为宜,并具备 2 个及以上主供电源。正常方式下,供电单元内各供电线路宜仅为本单元内的负荷供电。

供电单元划分应相对稳定、不重不漏,具有一定的近远期适应性,划分结果应逐步纳入相关业务系统中。

1.4　国土空间规划

本节根据 2019 年中共中央、国务院下发的《关于建立国土空间规划体系并监督实施的若干意见》中发〔2019〕18 号编制。

1.4.1　国土空间规划意义

建立全国统一、责权清晰、科学高效的国土空间规划体系，整体谋划新时代国土空间开发保护格局，综合考虑人口分布、经济布局、国土利用、生态环境保护等因素，科学布局生产空间、生活空间、生态空间；是加快形成绿色生产方式和生活方式，推进生态文明建设，建设美丽中国的关键举措；是坚持以人民为中心，实现高质量发展和高品质生活，建设美好家园的重要手段，是保障国家战略有效实施，促进国家治理体系和治理能力现代化，实现"两个一百年"奋斗目标和中华民族伟大复兴中国梦的必然要求。

1.4.2　国土空间规划主要目标

到 2020 年，基本建立国土空间规划体系，逐步建立"多规合一"的规划编制审批体系、实施监督体系、法规政策体系和技术标准体系；基本完成市县以上各级国土空间总体规划编制，初步形成全国国土空间开发保护"一张图"。

到 2025 年，健全国土空间规划法规政策和技术标准体系；全面实施国土空间监测预警和绩效考核机制；形成以国土空间规划为基础，以统一用途管制为手段的国土空间开发保护制度。

到 2035 年，全面提升国土空间治理体系和治理能力现代化水平，基本形成生产空间集约高效、生活空间宜居适度、生态空间山清水秀，安全和谐、富有竞争力和可持续发展的国土空间格局。

1.4.3　国土空间规划总体框架

国土空间规划是对一定区域国土空间开发保护在空间和时间上做出的安排，包括总体规划、详细规划和相关专项规划。国家、省、市县编制国土空间总体规划，各地结合实际编制乡镇国土空间规划。相关专项规划是指在特定区域（流域）、特定领域，为体现特定功能，对空间开发保护利用做出的专门安排，是涉及空间利用的专项规划。国土空间总体规划是详细规划的依据，是相关专项规划的基础；相关专项规划要相互协同，并与详细规划做好衔接。

1.4.4　国土空间规划编制要求

全面落实党中央、国务院重大决策部署,体现国家意志和国家发展规划的战略性,因地制宜开展规划编制工作,科学有序统筹布局生态、农业、城镇等功能空间,划定生态保护红线、永久基本农田、城镇开发边界等空间管控边界以及各类海域保护线,强化底线约束,为可持续发展预留空间。强化国家发展规划的统领作用,强化国土空间规划的基础作用。按照谁组织编制、谁负责实施的原则,明确各级各类国土空间规划编制和管理的要点。

1.4.5　国土空间规划的实施与管理要求

规划一经批复,任何部门和个人不得随意修改、违规变更。下级国土空间规划要服从上级国土空间规划,相关专项规划、详细规划要服从总体规划。

坚持先规划、后实施,不得违反国土空间规划进行各类开发建设活动;坚持"多规合一",不在国土空间规划体系之外另设其他空间规划。相关专项规划的有关技术标准应与国土空间规划衔接。

按照谁审批、谁监管的原则,分级建立国土空间规划审查备案制度。以国土空间规划为依据,对所有国土空间分区分类实施用途管制。在城镇开发边界内的建设,实行"详细规划＋规划许可"的管制方式;在城镇开发边界外的建设,按照主导用途分区,实行"详细规划＋规划许可"和"约束指标＋分区准入"的管制方式。

依托国土空间基础信息平台,建立健全国土空间规划动态监测评估预警和实施监管机制。建立国土空间规划定期评估制度,结合国民经济社会发展实际和规划定期评估结果,对国土空间规划进行动态调整和完善。推进"放管服"改革。以"多规合一"为基础,统筹规划、建设、管理三大环节,推动"多审合一""多证合一"。

1.4.6　国土空间规划的法规政策与技术保障研究

制定国土空间开发保护法,加快国土空间规划相关法律法规建设,按照"多规合一"要求,由自然资源部会同相关部门负责构建统一的国土空间规划技术标准体系,修订完善国土资源现状调查和国土空间规划用地分类标准,制定各级各类国土空间规划编制办法和技术规程。以自然资源调查监测数据为基础,建立全国统一的国土空间基础信息平台。

1.5 输配电价

本节根据国家发展和改革委员会(以下简称发改委)关于印发《省级电网输配电价定价办法(试行)》的通知编制。

1.5.1 核定省级电网输配电价总体原则

(1)建立机制与合理定价相结合,以制度、规则、机制建设为核心,转变政府价格监管方式,既要提高政府定价的科学性,最大限度减少自由裁量权;又要规范电网企业的价格行为,通过科学、规范、透明的制度形成合理的输配电价。

(2)弥补合理成本与约束激励相结合。按照"准许成本加合理收益"的办法核定输配电价,以严格的成本监审为基础,弥补电网企业准许成本并获得合理收益;同时,建立激励约束机制,调动电网企业加强管理、降低成本的积极性,提高投资效率和管理水平。

(3)促进电网健康发展与用户合理负担相结合。通过科学、合理、有效的价格信号,引导电网企业的经营行为和用户的用电行为。既要促进电网健康可持续发展,确保电网企业提供安全可靠的电力,满足国民经济和社会发展的需要;又要使不同电压等和不同类别用户的输配电价合理反映输配电成本,以尽可能低的价格为用户提供优质的输配电服务。

(4)核定省级电网输配电价,先核定电网企业输配电业务的准许收入,再以准许收入为基础核定输配电价。

(5)省级电网输配电价实行事前核定,即在每一监管周期开始前核定。监管周期暂定为三年。

1.5.2 省级电网输配电准许收入的计算公式

准许收入=准许成本+准许收益+价内税

其中:准许成本=基期准许成本+监管周期新增(减少)准许成本准许收益=可计提收益的有效资产×准许收益率

1.5.3 可计提收益的有效资产范围

可计提收益的有效资产,是指电网企业投资(包括政府投资或财政拨款投资)形成的,为提供共用网络输配电服务所需的,允许计提投资回报的输配电资产,包括固定资产净值、无形资产净值和营运资本。

可计提收益的固定资产,包括但不限于:输配电线路、变电配电设备,电网运行维护与应急抢修资产,电网通信、技术监督、计量检定等专业服务资产。

可计提收益的无形资产,主要包括软件、专利权、非专利技术、商标权、著作权、特许权、土地使用权等方面。

可计提收益的营运资本,是指电网企业为提供输配电服务,除固定资产投资以外的正常运营所需的周转资金。

1.5.4 不得纳入可计提收益的固定资产范围

(1)与省内共用网络输配电业务无关的固定资产。该类固定资产包括但不限于:电网企业的辅助性业务单位、多种经营企业及"三产"资产,如宾馆、招待所、办事处、医疗单位等固定资产;发电资产(电网所属且已单独核定上网电价的电厂,2002年国务院发布的电力体制改革方案中明确由电网保留的内部核算电厂除外);抽水蓄能电站;与输配电业务无关的对外股权投资;投资性固定资产(如房地产等);其他需扣除的与省内共用网络输配电业务无关的固定资产等。

(2)应由有权限的政府主管部门审批而未经批准投资建设的固定资产,或允许企业自主安排,但不符合电力规划、未履行必要备案程序投资建设的固定资产。

(3)国家单独核定输电价格的跨省跨区专项输电工程固定资产。

(4)企事业单位、用户投资或政府无偿移交的非电网企业投资部分对应的输配电固定资产。

(5)其他不应计提收益的输配电固定资产。

1.5.5 适时开展输配电价的调整机制

监管周期内电网企业新增投资、电量变化较大的,应在监管周期内对各年准许收入和输配电价进行平滑处理。情况特殊的,可在下一个监管周期平滑处理。

1.6 电网规划投资管理

本节根据2020年发改委发布的《国家能源局关于加强和规范电网规划投资管理工作的通知》(发改能源规〔2020〕816号)编制。

1.6.1 电网规划编制内容要求

电网规划是电力规划的重要组成部分,电网规划应实现对输配电服务所需各类电网项目的合理覆盖,包括电网基建项目和技术改造项目。基建项目是指为提供输配电服务而实施的新建(含扩建)资产类项目,技术改造项目是指对原有输配电服务资产的技术改造类项目。电网基建和技术改造项目均包含输变电工程项目(跨省跨区输电通道、区域和省级主网架、配电网等)、电网安全与服务项目(通信、信息化、智能化、客户服务等)、电网生产辅助设施项目(运营场所、生产工器具等)。

1.6.2　电网规划编制的技术经济论证要求

在规划编制过程中,应测算规划总投资和新增输配电量,评估规划实施后对输配电价格的影响。原则上,对于 66 kV 及以上的输变电工程基建项目,规划应明确项目建设安排,对于 35 kV 及以下输变电工程等其余基建项目,应明确建设规模。对于各类技术改造项目,规划应明确技术改造目标和改造规模。省级能源主管部门可在此基础上,进一步研究提高本省电网规划编制的深度要求。

1.6.3　电网规划应统筹协调

按照深化电力体制改革要求,电网规划应切实加强与经济社会发展规划统筹,有效衔接社会资本投资需求,遵循市场主体选择,合理涵盖包括增量配电网在内的各类主体电网投资项目,满足符合条件的市场主体在增量配电领域投资业务需求。电网规划要按照市场化原则,与相关市场主体充分衔接,合理安排跨省跨区输电通道等重大项目。

1.6.4　电网规划应分级分类管理

纳入规划的电网项目应根据《政府投资条例》(国务院令第 712 号)、《企业投资项目核准和备案管理条例》(国务院令第 673 号)等规定履行相应程序。省级能源主管部门应会同价格主管部门加强对相关项目的监督和管理,强化定额测算核定、造价管理等工作对电网投资成本控制的作用。500 kV 及以上输变电工程基建项目应在核准文件中明确项目功能定位。

1.6.5　电网项目实施与适时调整

电网企业应通过投资计划有效衔接电网规划,积极开展前期工作,合理控制工程造价,规范履行相关程序,保障电网规划项目顺利落实。电力规划发布两至三年后,国家能源局和省级能源主管部门可根据经济发展和规划实施等情况按规定程序对五年规划进行中期滚动调整。在规划执行期内,如遇国家专项任务、输配电价调整、电网投资能力不足等重大变化,规划编制部门应按程序对具体规划项目进行调整,相关单位应按照决策部署和实际需要及时组织实施。

1.6.6　电网投资成效评价

国家发展改革委、国家能源局研究建立科学合理的投资成效评价标准,定期选取典型电网项目,重点围绕规划落实情况、实际运营情况、输变电工程功能定位变化情况等开展评价。对非政策性因素造成的未投入实际使用、未达到规划目标、擅自提高建设标准的输配电资产,其成本费用不得计入输配电定价成本。

1.6.7　电网规划应强化统筹功能

国家能源局和省级能源主管部门应按照能源电力规划相关规定,在全国(含区域)和省级电力规划编制过程中,进一步加强电网规划研究,做好全国电力规划与地方性电力规划的有效衔接。全国电力规划应重点提出跨省跨区电网项目和省内 500 kV 及以上电网项目建设安排,省级电力规划应重点明确所属地区的 66 kV 及以上电网项目和 35 kV 及以下电网建设规模。

第2章
配电网规划（技术）

2.1　技术原则

本节根据 2020 年国家电网发布的《配电网规划设计技术导则》(Q/GDW 10738—2020)、2016 年国家电网发布的《电力系统无功补偿配置技术导则》(Q/GDW 1212—2015)编制。

2.1.1　配电网供电安全标准

一般原则:接入的负荷规模越大、停电损失越大,其供电可靠性要求越高、恢复供电时间要求越短。

根据组负荷规模的不同,配电网的供电安全水平可分为三级,配电网的供电安全水平见表 2-1。

表 2-1　　　　　　　　　配电网的供电安全水平

供电安全水平等级	组负荷范围	对应范围
第一级	≤2 MW	低压线路、配电变压器
第二级	2~12 MW	中压线路
第三级	12~180 MW	变电站

第一级供电安全水平要求:

(1)对于停电范围不大于 2 MW 的组负荷,允许故障修复后恢复供电,恢复供电的时间与故障修复时间相同。

(2)该级停电故障主要涉及低压线路故障、配电变压器故障,或采用特殊安保设计(如分段及联络开关均采用断路器,且全线采用纵差保护等)的中压线段故障。停电范围仅限于低压线路、配电变压器故障所影响的负荷或特殊安保设计的中压线段,中压线路的其他线段不允许停电。

(3)该级标准要求单台配电变压器所带的负荷不宜超过 2 MW,或采用特殊安保设计的中压分段上的负荷不宜超过 2 MW。

第二级供电安全水平要求:

(1)对于停电范围在 2~12 MW 的组负荷,其中不小于组负荷减 2 MW 的负荷应在 3 小时内恢复供电;余下的负荷允许故障修复后恢复供电,恢复供电时间与故障修复时间相同。

(2)该级停电故障主要涉及中压线路故障,停电范围仅限于故障线路所供负荷,A+类供电区域的故障线路的非故障段应在 5 分钟内恢复供电,A 类供电区域的故障线路的非故障段应在 15 分钟内恢复供电,B、C 类供电区域的故障线路的非故障段应在 3 小时内恢复供电,故障段所供负荷应小于 2 MW,可在故障修复后恢复供电。

(3)该级标准要求中压线路应合理分段,每段上的负荷不宜超过 2 MW,且线路之间应建立适当的联络。

第三级供电安全水平要求:

(1)对于停电范围在 12~180 MW 的组负荷,其中不小于组负荷减 12 MW 的负荷或者不小于三分之二的组负荷(两者取小值)应在 15 分钟内恢复供电,余下的负荷应在 3 小时内恢复供电。

(2)该级停电故障主要涉及变电站的高压进线或主变压器,停电范围仅限于故障变电站所供负荷,其中大部分负荷应在 15 分钟内恢复供电,其他负荷应在 3 小时内恢复供电。

(3)A+、A 类供电区域故障变电站所供负荷应在 15 分钟内恢复供电;B、C 类供电区域故障变电站所供负荷,其大部分负荷(不小于三分之二)应在 15 分钟内恢复供电,其余负荷应在 3 小时内恢复供电。

(4)该级标准要求变电站的中压线路之间宜建立站间联络,变电站主变及高压线路可按 N-1 原则配置。

为了满足上述三级供电安全水平标准,配电网规划应从电网结构、设备安全裕度、配电自动化等方面综合考虑,为配电运维抢修、缩短故障响应和抢修时间奠定基础。

B、C 类供电区域的建设初期及过渡期,以及 D、E 类供电区域,高压配电网

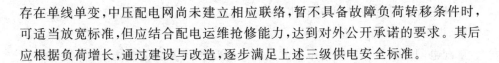

存在单线单变,中压配电网尚未建立相应联络,暂不具备故障负荷转移条件时,可适当放宽标准,但应结合配电运维抢修能力,达到对外公开承诺的要求。其后应根据负荷增长,通过建设与改造,逐步满足上述三级供电安全标准。

2.1.2　供电能力

容载比的确定要考虑负荷分散系数、平均功率因数、变压器负载率、储备系数、负荷增长率、负荷转移能力等因素的影响。在配电网规划设计中,一般可采用式(1)来估算:

$$Rs = \Sigma Sei / P_{max} \qquad\qquad 式(1)$$

式中　Rs——容载比(MVA/MW);

$\quad\quad\quad$ P_{max}——规划区域该电压等级的年网供最大负荷;

$\quad\quad\quad$ Sei——规划区域该电压等级公用变电站主变容量之和。

容载比计算应以行政区县或供电分区作为最小统计分析范围,对于负荷发展水平极度不平衡、负荷特性差异较大(供电分区最大负荷出现在不同季节)的地区宜按供电分区计算统计。容载比不宜用于单一变电站、电源汇集外送分析。

根据行政区县或供电分区经济增长和社会发展的不同阶段,对应的配电网负荷增长速度可分为饱和、较慢、中等、较快四种情况,总体宜控制在 1.5~2.0。不同发展阶段的 66 kV 电网容载比选择范围见表 2-2,并符合下列规定:

(1)对处于负荷发展初期或负荷快速发展阶段的规划区域、需满足"N-1-1"安全准则的规划区域以及负荷分散程度较高的规划区域,可取容载比建议值上限。

(2)对于变电站内主变台数配置较多、中压配电网转移能力较强的区域,可取容载比建议值下限;反之可取容载比建议值上限。

表 2-2　　　　行政区县或供电分区 66 kV 电网容载比选择范围

负荷增长情况	饱和期	较慢增长	中等增长	较快增长
年负荷平均 增长率 Kp	Kp≤2%	2%<Kp≤4%	4%<Kp≤7%	Kp>7%
110~35 kV 电网 容载比(建议值)	1.5~1.7	1.6~1.8	1.7~1.9	1.8~2.0

2.1.3　供电质量

供电可靠性指标主要包括系统平均停电时间、系统平均停电频率等,宜在成熟地区逐步推广以终端用户为单位的供电可靠性统计。

配电网规划应分析供电可靠性远期目标和现状指标的差距,提出改善供电可靠性指标的投资需求，并进行电网投资与改善供电可靠性指标之间的灵敏度分析，提出供电可靠性近期目标。

配电网规划要保证网络中各节点满足电压损失及其分配要求，各类用户受电电压质量执行 GB/T 12325 的规定：

（1）66 kV 供电电压正负偏差的绝对值之和不超过标称电压的 10%；

（2）10 kV 及以下三相供电电压允许偏差为标称电压的 ±7%；

（3）220 V 单相供电电压允许偏差为标称电压的 +7% 与 −10%；

（4）对供电点短路容量较小、供电距离较长以及对供电电压偏差有特殊要求的用户，由供、用电双方协议确定。

电压偏差的监测是评价配电网电压质量的重要手段，应在配电网以及各电压等级用户设置足够数量且具有代表性的电压监测点，配电网电压监测点设置应执行国家监管机构的相关规定。

配电网应有足够的电压调节能力，将电压维持在规定范围内，主要有下列电压调整方式：

（1）通过配置无功补偿装置进行电压调节；

（2）选用有载或无载调压变压器，通过改变分接头进行电压调节；

（3）通过线路调压器进行电压调节。

配电网近中期规划的供电质量目标应不低于公司承诺标准：城市电网平均供电可靠率应达到 99.9%，居民客户端平均电压合格率应达到 98.5%；农村电网平均供电可靠率应达到 99.8%，居民客户端平均电压合格率应达到 97.5%；特殊边远地区电网平均供电可靠率和居民客户端平均电压合格率应符合国家有关监管要求。各类供电区域达到饱和负荷时的规划目标平均值应满足表 2-3 的要求。

表 2-3　　　　饱和期供电质量规划目标

供电区域类型	平均供电可靠率	综合电压合格率
A+	≥99.999%	≥99.99%
A	≥99.990%	≥99.97%
B	≥99.965%	≥99.95%
C	≥99.863%	≥98.79%
D	≥99.726%	≥97.00%
E	不低于向社会承诺的标准	不低于向社会承诺的标准

2.1.4　短路电流水平及中性点接地方式

配电网规划应从网架结构、电压等级、阻抗选择、运行方式和变压器容量等方面合理控制各电压等级的短路容量,使各电压等级断路器的开断电流与相关设备的动、热稳定电流相配合。

变电站内母线正常运行方式下的短路电流水平不应超过表 2-4 中的对应数值,并符合下列规定:

(1)对于主变容量较大的 110 kV 变电站(40 MVA 及以上)、35 kV 变电站(20 MVA 及以上),其低压侧可选取表 2-5 中较高的数值,对于主变容量较小的 110~35 kV 变电站的低压侧可选取表 2-5 中较低的数值;

(2)220 kV 变电站 10 kV 侧无馈出线时,10 kV 母线短路电流限定值可适当放大,但不宜超过 25 kA。

表 2-4 短路电流水平

电压等级	短路电流限定值/kA		
	A+、A、B 类供电区域	C 类供电区域	D、E 类供电区域
110 kV	31.5、40	31.5、40	31.5
66 kV	31.5	31.5	31.5
10 kV	20	16、20	16、20

为合理控制配电网的短路容量,可采取以下主要技术措施:

(1)配电网络分片、开环,母线分段,主变分列;

(2)控制单台主变压器容量;

(3)合理选择接线方式(如二次绕组为分裂式)或采用高阻抗变压器;

(4)主变压器低压侧加装电抗器等限流装置。

对处于系统末端、短路容量较小的供电区域,可通过适当增大主变容量、采用主变并列运行等方式,增加系统短路容量,保障电压合格率。

中性点接地方式对供电可靠性、人身安全、设备绝缘水平及继电保护方式等有直接影响。配电网应综合考虑可靠性与经济性,选择合理的中性点接地方式。中压线路有联络的变电站宜采用相同的中性点接地方式,以利于负荷转供;中性点接地方式不同的配电网应避免互带负荷。

中性点接地方式一般可分为有效接地方式和非有效接地方式两大类,非有效接地方式又分为不接地、消弧线圈接地和阻性接地。

(1)110 kV 系统应采用有效接地方式,中性点应经隔离开关接地;

(2)66 kV 架空网系统宜采用经消弧线圈接地方式,电缆网系统宜采用低电阻接地方式;

(3)10 kV 系统可采用不接地、消弧线圈接地或低电阻接地方式。

10 kV 配电网中性点接地方式的选择应遵循以下原则:

(1)单相接地故障电容电流在 10 A 及以下,宜采用中性点不接地方式;

（2）单相接地故障电容电流超过 10 A 且小于 100～150 A,宜采用中性点经消弧线圈接地方式;

（3）单相接地故障电容电流超过 100～150 A,或以电缆网为主时,宜采用中性点经低电阻接地方式。

10 kV 配电网中性点接地方式的选择应遵循以下原则:

（1）单相接地故障电容电流在 10 A 及以下,宜采用中性点不接地方式;

（2）单相接地故障电容电流超过 10 A 且小于 100～150 A,宜采用中性点经消弧线圈接地方式;

（3）单相接地故障电容电流超过 100～150 A,或以电缆网为主时,宜采用中性点经低电阻接地方式。

10 kV 配电设备应逐步推广一、二次融合开关等技术,快速隔离单相接地故障点,缩短接地运行时间,避免发生人身触电事件。

10 kV 电缆和架空混合型配电网,如采用中性点经低电阻接地方式,应采取以下措施:

（1）提高架空线路绝缘化程度,降低单相接地跳闸次数;

（2）完善线路分段和联络,提高负荷转供能力;

（3）降低配电网设备、设施的接地电阻,将单相接地时的跨步电压和接触电压控制在规定范围内。

消弧线圈改低电阻接地方式应符合以下要求:

（1）馈线设零序保护,保护方式及定值选择应与低电阻阻值相配合;

（2）低电阻接地方式改造,应同步实施用户侧和系统侧改造,用户侧零序保护和接地宜同步改造;

（3）10 kV 配电变压器保护接地应与工作接地分开,间距经计算确定,防止变压器内部单相接地后低压中性线出现过高电压;

（4）根据电容电流数值并结合区域规划成片改造。

在进行配电网中性点低电阻接地改造时,应对接地电阻大小、接地变压器容量、接地点电容电流大小、接触电位差、跨步电压等关键因素进行相关计算分析。

220/380 V 配电网主要采用 TN、TT、IT 接地方式,其中 TN 接地方式主要采用 TN-C-S、TN-S。用户应根据用电特性、环境条件或特殊要求等具体情况,正确选择接地方式,配置剩余电流动作保护装置。

2.1.5　无功补偿

（1）基本原则

配电网规划需保证有功和无功的协调,电力系统配置的无功补偿装置应在系统有功负荷高峰和负荷低谷运行方式下,保证分(电压)层和分(供电)区的无功平衡。变电站、线路和配电台区的无功设备应协调配合,并按以下原则进行无功补偿配置:

①无功补偿装置应根据分层分区、就地平衡和便于调整电压的原则进行配置,可采用变电站集中补偿和分散就地补偿相结合,电网补偿与用户补偿相结合,高压补偿与低压补偿相结合等方式。接近用电端的分散补偿装置主要用于提高功率因数,降低线路损耗;集中安装在变电站内的无功补偿装置主要用于控制电压水平。

②应从系统角度考虑无功补偿装置的优化配置,以利于全网无功补偿装置的优化投切。

③变电站无功补偿配置应与变压器分接头的选择相配合,以保证电压质量和系统无功平衡。

④对于电缆化率较高的地区,应配置适当容量的感性无功补偿装置。

⑤接入中压及以上配电网的用户应按照电力系统有关电力用户功率因数的要求配置无功补偿装置,并不得向系统倒送无功。

⑥在配置无功补偿装置时应考虑谐波治理措施。

⑦分布式电源接入电网后,原则上不应从电网吸收无功,否则需配置合理的无功补偿装置。

分层分区平衡原则应坚持分层和分区平衡的原则。分层无功平衡的重点是确保各电压等级层面的无功电力平衡,减少无功在各电压等级之间的穿越;分区无功平衡的重点是确保各供电区域无功电力就地平衡,减少区域间无功电力交换。分层分区平衡相关要求按照 DL/T 5014 和 DL 755 相关规定执行。

分散补偿与集中补偿相结合的原则无功补偿装置应根据就地平衡和便于调整电压的原则进行配置,可采用分散和集中补偿相结合的方式,相关内容按照 Q/GDW 156 规定执行。

电网补偿与用户补偿相结合的原则

电网无功补偿以补偿公网和系统无功需求为主;用户无功补偿以补偿负荷侧无功需求为主,在任何情况下用户无功补偿不应向电网倒送无功功率,并保证在电网负荷高峰时不从电网吸收大量无功功率。

(2)补偿方式

110~35 kV 电网应根据网络结构、电缆所占比例、主变负载率、负荷侧功率因数等条件,经计算确定无功补偿配置方案。有条件的地区,可开展无功优化计算,寻求满足一定目标条件(无功补偿设备费用最少、网损最小等)的最优配置方案。

110～35 kV 变电站一般宜在变压器低压侧配置自动投切或动态连续调节无功补偿装置,使变压器高压侧的功率因数在高峰负荷时不应低于 0.95,在低谷负荷时不应高于 0.95,无功补偿装置总容量应经计算确定。对于有感性无功补偿需求的,可采用静止无功发生器(SVG)。

配电变压器的无功补偿装置容量应依据变压器最大负载率、负荷自然功率因数等进行配置。

在电能质量要求高、电缆化率高的区域,配电室低压侧无功补偿方式可采用静止无功发生器(SVG)。

在供电距离远、功率因数低的 10 kV 架空线路上可适当安装无功补偿装置,其容量应经过计算确定,且不宜在低谷负荷时向系统倒送无功。

电容补偿装置用于变电站集中补偿时,其补偿能力应主要考虑主变压器及站用负荷无功补偿的需求。电容补偿装置用于负荷就地分散补偿时,其补偿能力应综合考虑负荷运行各类工况的无功需求。

并联电抗器补偿装置适用于平衡电网无功过剩现象,应综合考虑采用高压并联电抗器或低压并联电抗器的补偿方式。对于大量采用电缆供电的电网,经过分析计算,宜采用并联电抗补偿装置补偿电缆充电功率。

静止无功补偿装置/静止无功发生器:①适用于 220 kV 及以上系统,在需要控制中枢节点电压范围,同时提高系统抵御故障的能力和安全稳定运行裕度的情况下,经过系统分析论证,宜设置静止无功补偿装置/静止无功发生器。②适用于无功潮流变化较大的场合,包括因特高压工程引起部分无功潮流变化较大的线路,应考虑装设静止无功补偿装置/静止无功发生器。③适用于风电场及光伏并网变电站,用以满足风电场及光伏发电系统自身运行及其并网运行技术条件。

不同补偿方式的组合适用于无功波动较大的场合,采用并联电容器补偿与静止无功补偿相结合的方式,以实现动态无功补偿需求。

(3)补偿要求

35～220 kV 变电站站配置的无功补偿装置,在高峰负荷及低谷负荷情况下,高压侧功率因数应满足以下条件:①在高峰负荷时,cosΦ≥0.95;②在低谷负荷时,cosΦ≤0.95。

无功补偿装置的控制应基于下述原则:①无功补偿装置应采用自动控制方式;②为了实现区域无功控制的目标,无功补偿装置应参与自动电压控制协调控制。

35～110 kV 变电站的无功补偿容量:变电站内配置了滤波电容器时为 20%～30%,变电站为电源接入点时为 15%～20%。

电力用户无功补偿配置原则：①电力用户应根据自身负荷特点，合理配置无功补偿装置；②无功补偿装置宜采用自动设切，不应向系统倒送无功。

2.1.6 继电保护及自动装置

配电网设备应装设短路故障和异常运行保护装置。设备短路故障的保护应有主保护和后备保护，必要时可再增设辅助保护。

110～35 kV 变电站应配置低频低压减载装置，主变高、中、低压三侧均应配置备自投装置。单链、单环网串供站应配置远方备投装置。

10 kV 配电网主要采用阶段式电流保护，架空及架空电缆混合线路应配置自动重合闸；低电阻接地系统中的线路应增设零序电流保护；合环运行的配电线路应增设相应保护装置，确保能够快速切除故障。全光纤纵差保护应在深入论证的基础上，限定使用范围。

220/380 V 配电网应根据用电负荷和线路具体情况合理配置二级或三级剩余电流动作保护装置。各级剩余电流动作保护装置的动作电流与动作时间应协调配合，实现具有动作选择性的分级保护。

接入 110～10 kV 电网的各类电源，采用专线接入方式时，其接入线路宜配置光纤电流差动保护，必要时上级设备可配置带联切功能的保护装置。

变电站保护信息和配电自动化控制信息的传输宜采用光纤通信方式；仅采集遥测、遥信信息时，可采用无线、电力载波等通信方式。对于线路电流差动保护的传输通道，往返均应采用同一信号通道传输。

对于分布式光伏发电以 10 kV 电压等级接入的线路，可不配置光纤纵差保护。采用 T 接方式时，在满足可靠性、选择性、灵敏性和速动性要求时，其接入线路可采用电流电压保护。

分布式电源接入时，继电保护和安全自动装置配置方案应符合相关继电保护技术规程、运行规程和反事故措施的规定，定值应与电网继电保护和安全自动装置配合整定；接入公共电网的所有线路投入自动重合闸时，应校核重合闸时间。

2.2 负荷预测

本节根据 2020 年国家电网发布的《配电网规划设计技术导则》（Q/GDW 10738—2020）、2020 年国家电网发布的《配电网规划电力负荷预测技术规范》（Q/GDW 11990—2019）编制。

2.2.1 一般原则

负荷预测主要包括饱和负荷预测和近中期负荷预测,饱和负荷预测是构建目标网架的基础,近中期负荷预测主要用于制订过渡网架方案和指导项目安排。

应根据不同区域、不同社会发展阶段、不同用户类型以及空间负荷预测结果,确定负荷发展曲线,并以此作为规划的依据。

负荷预测的基础数据包括经济社会发展规划和国土空间规划数据、自然气象数据、重大项目建设情况、上级电网规划对本规划区域的负荷预测结果、历史年负荷和电量数据等。配电网规划应积累和采用规范的负荷及电量历史数据作为预测依据。

负荷预测应采用多种方法,经综合分析后给出高、中、低负荷预测方案,并提出推荐方案。

负荷预测应分析综合能源系统耦合互补特性、需求响应引起的用户终端用电方式变化和负荷特性变化,并考虑各类分布式电源以及储能设施、电动汽车充换电设施等新型负荷接入对预测结果的影响。

负荷预测应给出电量和负荷的总量及分布(分区、分电压等级)预测结果。近期负荷预测结果应逐年列出,中期和远期可列出规划末期预测结果。

2.2.2 负荷预测方法

可根据规划区负荷预测的数据基础和实际需要,综合选用三种及以上适宜的方法进行预测,并相互校核。

对于新增大用户负荷比重较大的地区,可采用点负荷增长与区域负荷自然增长相结合的方法进行预测。

对于具备城市总体规划、城市控制性详细规划地区的配电网规划负荷预测,宜采用负荷密度指标法,有条件的地区宜采用生长曲线法。

网格化规划区域应开展空间负荷预测,并符合下列规定:

①结合国土空间规划,通过分析规划水平年各地块的土地利用特征和发展规律,预测各地块的负荷;

②对相邻地块进行合并,逐级计算供电单元、供电网格、供电分区等规划区域的负荷,同时率可参考负荷特性曲线来确定;

③采用其他方法对规划区域总负荷进行预测,与空间负荷预测结果相互校核,确定规划区域总负荷的推荐方案,并修正各地块、供电单元、供电网格、供电分区等规划区域的负荷。

2.2.3　负荷预测数据收集

经济社会数据来自国家总体规划、专项规划、区域规划以及统计年鉴、政府工作报告,自然气象数据来自气象部门的历史气象观测信息和数值气象预报信息等,历史年负荷和电量数据来自相关专业的信息系统。

对于历史数据的缺失、畸变等问题,在无法获取确切数据的情况下,应做相应的预处理,使修正后的数据保持连续、合理。

2.2.4　负荷特性分析

负荷特性指标主要包括最大负荷、尖峰负荷持续时间、最小负荷、平均负荷、负荷率、峰谷差、峰谷差率、年最大负荷利用小时数、季不均衡系数等。

可选取适宜的负荷特性指标,分析负荷的规模、时间、空间分布等特征。

2.2.5　远期与近中期负荷预测

从经济、能源、电力、环境角度综合分析影响因素。远期(含饱和)负荷预测宜重点关注地区经济社会以及行业发展规律、经济周期、重大战略、气候变化等;近中期负荷预测宜重点关注经济社会发展规划、宏观政策、行动计划、业扩报装、气温变化等。

远期(含饱和)负荷预测可根据地区发展定位及规划,选用趋势外推法、负荷密度指标法等;近中期负荷预测可根据区域发展阶段及产业性质,选用大电力用户法、最大负荷利用小时数法等。

一般通过类比法、专家法等方法对负荷预测结果进行校核,给出负荷预测高、中、低方案,并结合实际情况确定推荐方案。

2.2.6　总体负荷预测与分区负荷预测、分压负荷预测

(1)总体负荷预测

总体负荷预测应充分体现地区国民经济和社会发展的相关因素与电力需求的关系,要与分区分压负荷预测结果相互校核。总体负荷预测应给出规划区域负荷的预测结果、负荷特性和负荷曲线等。

(2)分区负荷预测

分区负荷预测工作以支撑分区电网规划、建设及运营等工作为目标。宜按照地理位置相邻、大小均匀、不重不漏、统计数据易获取等原则灵活开展。参数指标应考虑不同分区的国民经济、社会发展、地区能源资源分布、能源结构、用户性质、面积大小和电力供需等条件,因地制宜选取。

分区负荷预测工作流程：①分区负荷预测数据分析。分析各分区城市规划、经济社会发展形势、历年负荷情况、重大项目建设情况、大用户业扩报装情况等，得到各分区现状负荷规模及未来变化趋势。②分区负荷预测方法选取。根据各分区数据获取情况，选择合适的预测方法对各分区进行预测。对于受大电力用户负荷影响较大的分区，建议使用大电力用户法；对于经济社会发展平稳地区，建议使用平均增长率法。③负荷预测结果推荐。综合考虑地区经济社会发展情况，给出各分区的高、中、低负荷预测方案，并确定推荐方案。

（3）分压负荷预测

分压负荷预测是确定规划水平年不同电压等级电网工程项目安排的重要依据，应考虑电网结构、区域产业发展情况、不同电压等级的用户负荷特性以及业扩报装等条件综合开展。

分电压等级网供负荷预测可根据同一电压等级公用变压器的总负荷、直供用户负荷、自发自用负荷、变电站直降负荷、分布式电源接入容量等因素综合计算得到。

分压负荷预测工作流程：①分压负荷数据分析。分析变压器总负荷、直供用户、并网电源、重大项目建设情况、大用户业扩报装等情况，得到各电压等级负荷占比及变化趋势。②分压负荷预测方法选取。高压配电网负荷预测应根据电网结构、大用户业扩报装等情况选取平均增长率法、最大负荷利用小时数法、大电力用户法等进行预测；中低压配电网负荷预测应根据各电压等级的用户负荷特性和区域产业发展等情况，选取大电力用户法、平均增长率法等进行预测。③负荷预测结果推荐。选取适当负荷同时率计算得出高、中、低方案，并与总体负荷预测相校核，给出预测结果推荐值。

（4）负荷预测结果校核

总体负荷预测结果校核方法：①纵向校核。和规划地区历史年的发展相校核，分析预测结果与历史数据的差异性，如负荷增长率是否符合地区发展阶段，年最大负荷利用小时数是否和地区产业结构调整趋势一致等。②横向校核。将预测结果与其他同类地区的预测结果或者现状发展阶段进行比较。

分区、分压负荷预测结果校核方法：①选取合适的负荷同时率汇总分区负荷，与地区总体负荷预测结果相校核，包括汇总值是否与总体负荷预测结果相一致，增长趋势是否相同，规划年汇总拟合曲线是否与总体负荷预测曲线相一致等。②选取合适的负荷同时率汇总本电压等级负荷，与上级电网负荷预测结果相校核，包括汇总值是否与上级电网负荷预测结果相匹配。

2.2.7　电力电量平衡

分电压等级电力平衡应结合负荷预测结果、电源装机发展情况和现有变压器容量,确定该电压等级所需新增的变压器容量。

当水电能源所占的比例较高时,电力平衡应根据其在不同季节的构成比例,分丰期、枯期进行平衡。

对于分布式电源较多的区域,应同时进行电力平衡和电量平衡计算,以分析规划方案的财务可行性。

分电压等级电力平衡应考虑需求响应、储能设施、电动汽车充换电设施等灵活性资源的影响,根据其资源库规模和区域负荷特性,确定规划计算负荷与最大负荷的比例关系。

2.3　电网结构及主接线方式

本节根据 2020 年国家电网发布的《配电网规划设计技术导则》(Q/GDW 10738—2020)编制。

2.3.1　一般要求

(1)合理的电网结构是满足电网安全可靠、提高运行灵活性、降低网络损耗的基础。高压、中压和低压配电网三个层级之间,以及与上级输电网(220 kV 或 330 kV 电网)之间,应相互匹配、强简有序、相互支援,以实现配电网技术经济的整体最优。

(2)A+、A、B、C 类供电区域的配电网结构应满足以下基本要求:

①正常运行时,各变电站(包括直接配出 10 kV 线路的 220 kV 变电站)应有相对独立的供电范围,供电范围不交叉、不重叠,发生故障或检修时,变电站之间应有一定比例的负荷转供能力。

②变电站(包括直接配出 10 kV 线路的 220 kV 变电站)的 10 kV 出线所供负荷宜均衡,应有合理的分段和联络;故障或检修时,应具有转供非停运段负荷的能力。

③接入一定容量的分布式电源时,应合理选择接入点,控制短路电流及电压水平。

④高可靠的配电网结构应具备网络重构的条件,便于实现故障自动隔离。

⑤D 类供电区域的配电网以满足基本用电需求为主,可采用辐射结构。

(3)变电站间和中压线路间的转供能力,主要取决于正常运行时的变压器容量裕度、线路容量裕度、中压主干线的合理分段数和联络情况等,应满足供电安全准则及以下要求:

①变电站间通过中压配电网转移负荷的比例,A+、A类供电区域宜控制在50%～70%,B、C类供电区域宜控制在30%～50%。除非有特殊保障要求,规划中不考虑变电站全停方式下的负荷全部转供需求。为提高配电网设备利用效率,原则上不设置变电站间中压专用联络线或专用备供线路。

②A+、A、B、C类供电区域中压线路的非停运段负荷应能够全部转移至邻近线路(同一变电站出线)或对端联络线路(不同变电站出线)。

(4)配电网的拓扑结构包括常开点、常闭点、负荷点、电源接入点等,在规划时需合理配置,以保证运行的灵活性。各电压等级配电网的主要结构如下:

①高压配电网结构应适当简化,主要有链式、环网和辐射结构;变电站接入方式主要有T接和π接等。

②中压配电网结构应适度加强、范围清晰,中压线路之间联络应尽量在同一供电网格(单元)之内,避免过多接线组混杂交织,主要有双环式、单环式、多分段适度联络、多分段单联络、多分段单辐射结构。

③低压配电网实行分区供电,结构应尽量简单,一般采用辐射结构。

(5)在电网建设的初期及过渡期,可根据供电安全准则要求和实际情况,适当简化目标网架作为过渡电网结构。

(6)变电站电气主接线应根据变电站功能定位、出线回路数、设备特点、负荷性质及电源与用户接入等条件确定,并满足供电可靠、运行灵活、检修方便、节约投资和便于扩建等要求。

2.3.2 高压配电网

(1)高压配电网目标电网结构推荐见表2-5:

表2-5 高压配电网目标电网结构推荐

供电区域类型	目标电网结构
A+、A	双辐射、多辐射、双链、三链
B	双辐射、多辐射、双环网、单链、双链、三链
C	双辐射、双环网、单链、双链、单环网
D	双辐射、单环网、单链
E	单辐射、单环网、单链

(2)A+、A、B类供电区域宜采用双侧电源供电结构,不具备双侧电源时,应适当提高中压配电网的转供能力;在中压配电网转供能力较强时,高压配电网可

采用双辐射、多辐射等简化结构。B 类供电区域双环网结构仅在上级电源点不足时采用。

(3)D 类供电区域采用单链、单环网结构时,若接入变电站数量超过 2 个,可采取局部加强措施。

(4)66kV 变电站高压侧电气主接线有桥式、线变组、环入环出、单母线(分段)接线等。高压侧电气主接线应尽量简化,宜采用桥式、线变组接线。考虑规划发展需求并经过经济技术比较,也可采用其他形式。

(5)66 kV 变电站 10 kV 侧电气主接线一般采用单母线分段接线或单母线分段环形接线,可采用 n 变 n 段、n 变 n+1 段、2n 分段接线。220 kV 变电站直接配出 10 kV 线路时,其 10 kV 侧电气主接线参照执行。

(6)66 kV 电网结构如图 2-1~图 2-8 所示:

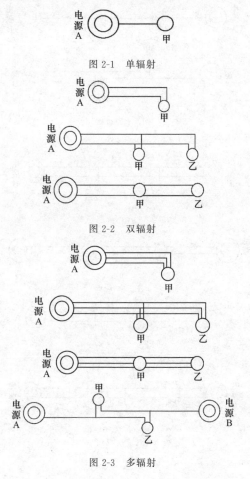

图 2-1　单辐射

图 2-2　双辐射

图 2-3　多辐射

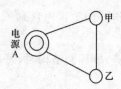

图 2-4 单环网

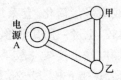

图 2-5 双环网

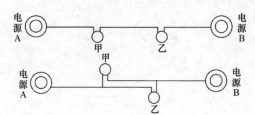

图 2-6 单链

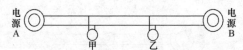

（a）T 接

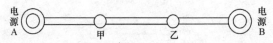

（b）π 接

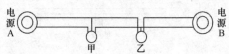

（c）T、π 混合

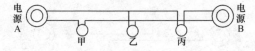

图 2-7 双链

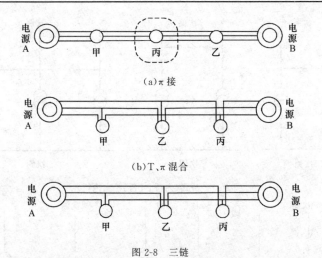

(a)π 接

(b)T、π 混合

图 2-8　三链

(7)66 kV 变电站电气主接线如图 2-9～图 2-13 所示:

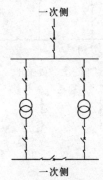

图 2-9　单母线

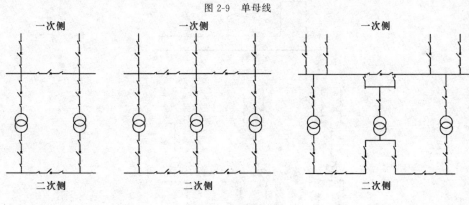

图 2-10　单母线分段

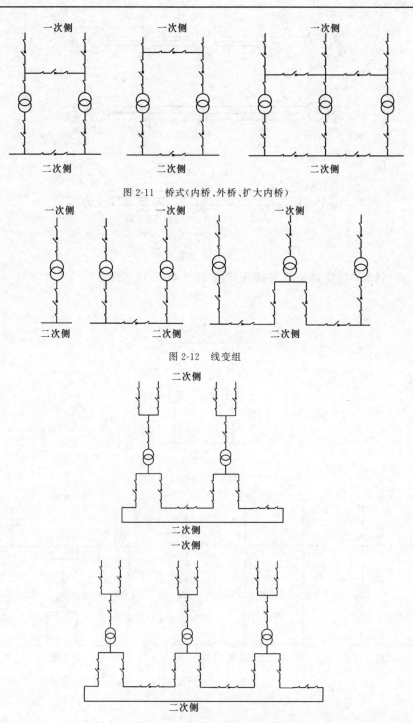

图 2-11 桥式(内桥、外桥、扩大内桥)

图 2-12 线变组

图 2-13 环入环出(仅适用于电缆 T 接方式)

2.3.3　中压配电网

(1)中压配电网目标电网推荐结构见表 2-6：

表 2-6　　　　　　　　中压配电网目标电网推荐结构

线路形式	供电区域类型	目标电网结构
电缆网	A+、A、B	双环式、单环式
	C	单环式
架空网	A+、A、B、C	多分段适度联络、多分段单联络
	D	多分段单联络、多分段单辐射

(2)网格化规划区域的中压配电网应根据变电站位置、负荷分布情况,以供电网格为单位,开展目标网架设计,并制订逐年过渡方案。

(3)中压架空线路主干线应根据线路长度和负荷分布情况进行分段(一般分为 3 段,不宜超过 5 段),并装设分段开关,且不应装设在变电站出口首端出线电杆上。重要或较大分支线路首端宜安装分支开关。宜减少同杆(塔)共架线路数量,便于开展不停电作业。

(4)中压架空线路联络点的数量应根据周边电源情况和线路负载大小确定,一般不超过 3 个联络点。架空网具备条件时,宜在主干线路末端进行联络。

(5)中压电缆线路宜采用环网结构,环网室(箱)、用户设备可通过环进环出方式接入主干网。

(6)中压开关站、环网室、配电室电气主接线宜采用单母线分段或独立单母线接线(不宜超过两个),环网箱宜采用单母线接线,箱式变电站、柱上变压器宜采用线变组接线。

10 kV 电网结构如图 2-14~图 2-18 所示；

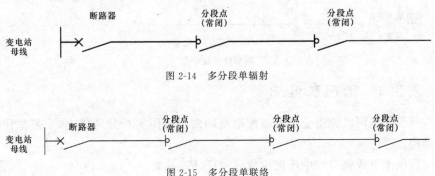

图 2-14　多分段单辐射

图 2-15　多分段单联络

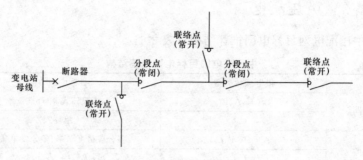

图 2-16　多分段适度联络

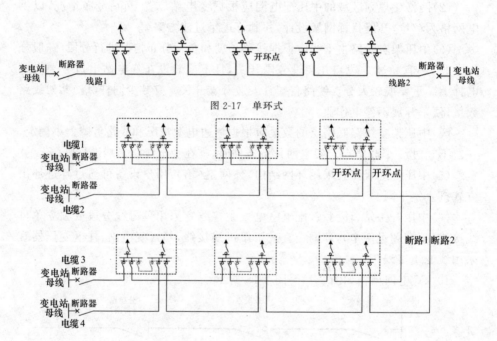

图 2-17　单环式

图 2-18　双环式

2.3.4　低压配电网

低压配电网以配电变压器或配电室的供电范围实行分区供电,一般采用辐射结构。

低压配电线路可与中压配电线路同杆(塔)共架。

低压支线接入方式可分为放射型和树干型。

2.4　设备选型

本节根据 2020 年国家电网发布的《配电网规划设计技术导则》(Q/GDW 10738—2020)编制。

2.4.1　一般要求

配电网设备的选择应遵循资产全寿命周期管理理念,坚持安全可靠、经济实用的原则,采用技术成熟、少(免)维护、节能环保、具备可扩展功能、抗震性能好的设备,所选设备应通过入网检测。

配电网设备应根据供电区域类型差异化选配。在供电可靠性要求较高、环境条件恶劣(高海拔、高寒、盐雾、污秽严重等)及灾害多发的区域,宜适当提高设备配置标准。

配电网设备应有较强的适应性。变压器容量、导线截面、开关遮断容量应留有合理裕度,保证设备在负荷波动或转供时满足运行要求。变电站土建应一次建成,并能适应主变增容更换、扩建升压等需求;线路导线截面宜根据规划的饱和负荷、目标网架一次选定;线路廊道(包括架空线路走廊和杆塔、电缆线路的敷设通道)宜根据规划的回路数一步到位,避免大拆大建。

配电网设备选型应实现标准化、序列化。同一市(县)规划区域中,变压器(高压主变、中压配变)的容量和规格,以及线路(架空线、电缆)的导线截面和规格,应根据电网结构、负荷发展水平与全寿命周期成本综合确定,并构成合理序列,同类设备物资一般不超过三种。

配电线路优先选用架空方式,对于城市核心区及地方政府规划明确要求并给予政策支持的区域可采用电缆方式。电缆的敷设方式应根据电压等级、最终数量、施工条件及投资等因素确定,主要包括综合管廊、隧道、排管、沟槽、直埋等敷设方式。

配电设备设施宜预留适当接口,便于不停电作业设备快速接入;对于森林草原防火有特殊要求的区域,配电线路宜采取防火隔离带、防火通道与电力线路走廊相结合的模式。

配电网设备选型和配置应考虑智能化发展需求,提升状态感知能力、信息处理水平和应用灵活程度。

2.4.2　66 kV 变电站

应综合考虑负荷密度、空间资源条件，以及上下级电网的协调和整体经济性等因素，确定变电站的供电范围以及主变压器的容量和数量。为保证充裕的供电能力，除预留远期规划站址外，还可采取预留主变容量（增容更换）、预留建设规模（增加变压器台数）、预留站外扩建或升压条件等方式，包括所有预留措施后的主变压器最终规模不宜超过 4 台。对于负荷确定的供电区域，可适当采用小容量变压器。各类供电区域变电站最终规模与容量配置见表 2-7：

表 2-7　　　　　　各类供电区域变电站最终规模与容量配置

电压等级	供电区域类型	台数（台）	单台容量（MVA）
66 kV	A+、A	3～4	50、40
	B	2～3	50、40、31.5
	C	2～3	40、31.5、20
	D	2～3	20、10、6.3

注：表中的主变低压侧为 10 kV。

应根据负荷的空间分布及其发展阶段，合理安排供电区域内变电站建设时序。在规划区域发展初期，应优先考虑变电站布点，可采取小容量、少台数方式；快速发展期，应新建、扩建、改造、升压多措并举；饱和期，应优先启用预留规模、扩建或升压改造，必要时启用预留站址。

变电站的布置应因地制宜、紧凑合理，在保证供电设施安全经济运行、维护方便的前提下尽可能节约用地，并为变电站附近区域供配电设施预留一定位置与空间。原则上，A+、A、B 类供电区域可采用户内或半户内站，根据情况可考虑采用紧凑型变电站；C、D、E 类供电区域可采用半户内或户外站，沿海或污秽严重等对环境有特殊要求的地区可采用户内站。

原则上，不采用地下或半地下变电站形式，在站址选择确有困难的中心城市核心区或国家有特殊要求的特定区域，在充分论证评估安全性的基础上，可新建地下或半地下变电站。

应明确变电站供电范围，随着负荷的增长和新变电站站址的确定，应及时调整相关变电站的供电范围。

变压器应采用有载调压方式。

变压器并列运行时，其参数应满足相关技术要求。

2.4.3　66 kV 线路

66 kV 线路导线截面的选取应符合下列要求：

(1)线路导线截面应综合饱和负荷状况、线路全寿命周期选定;

(2)线路导线截面应与电网结构、变压器容量和台数相匹配;

(3)线路导线截面应按照安全电流裕度选取,并以经济载荷范围校核。

A+、A、B 类供电区域 110(66)kV 架空线路截面不宜小于 240 mm²,35 kV 架空线路截面不宜小于 150 mm²;C、D 类供电区域 110 kV 架空线路截面不宜小于 150 mm²,66 kV 架空线路截面不宜小于 120 mm²。

66 kV 线路跨区供电时,导线截面宜按建设标准较高区域选取。

66 kV 架空线路导线宜采用钢芯铝绞线及新型节能导线,沿海及有腐蚀性地区可选用防腐型导线。

66 kV 电缆线路宜选用交联聚乙烯绝缘铜芯电缆,载流量应与该区域架空线路相匹配。

2.4.4　10 kV 配电线路

10 kV 配电网应有较强的适应性,主变容量与 10 kV 出线间隔数量及线路导线截面的配合可参考表 2-8 确定,并符合下列规定:

(1)中压架空线路通常为铝芯,沿海高盐雾地区可采用铜绞线,A+、A、B、C 类供电区域的中压架空线路宜采用架空绝缘线。

(2)表 2-8 中推荐的电缆线路为铜芯,也可采用相同载流量的铝芯电缆。沿海或污秽严重地区,可选用电缆线路。

(3)35 kV/10 kV 配电化变电站 10 kV 出线宜为 2～4 回。

表 2-8　　　　主变容量与 10 kV 出线间隔数量及线路导线截面配合

66 kV 主变容量 /MVA	10 kV 出线间隔数量	10 kV 主干线截面/mm²		10 kV 分支线截面/mm²	
		架空	电缆	架空	电缆
63	12 及以上	240、185	400、300	150、120	240、185
50、40	8～14	240、185、150	400、300、240	150、120、95	240、185、150
31.5	8～12	185、150	300、240	120、95	185、150
20	6～8	150、120	240、185	95、70	150、120
12.5、10、6.3	4～8	150、120、95	—	95、70、50	—
3.15、2	4～8	95、70	—	50	—

在树线矛盾隐患突出、人身触电风险较大的路段,10 kV 架空线路应采用绝缘线或加装绝缘护套。

10 kV 线路供电距离应满足末端电压质量的要求。在缺少电源站点的地区,当 10 kV 架空线路过长,电压质量不能满足要求时,可在线路适当位置加装线路调压器。

2.4.5　10 kV 配电变压器

配电变压器容量宜综合供电安全性、规划计算负荷、最大负荷利用小时数等因素选定,具体选择方式可参照 DL/T 985。

10 kV 柱上变压器的配置应符合下列规定:

(1)10 kV 柱上变压器应按"小容量、密布点、短半径"的原则配置,宜靠近负荷中心。

(2)宜选用三相柱上变压器,其绕组联结组别宜选用 Dyn11,宜三相均衡接入负荷。对于居民分散居住、以单相负荷为主的农村地区可选用单相变压器。

(3)不同类型供电区域的 10 kV 柱上变压器容量可参考表 2-9 确定。在低电压问题突出的 E 类供电区域,可采用 35 kV 配电化建设模式,35 kV/0.38 kV 配电变压器单台容量不宜超过 630 kVA。

表 2-9　　　　　　　　　　　　10 kV 柱上变压器容量

供电区域类型	三相柱上变压器容量/kVA	单相柱上变压器容量/kVA
A+、A、B、C	≤400	≤100
D	≤315	≤50
E	≤100	≤30

10 kV 配电室的配置应符合下列规定:

(1)配电室一般配置双路电源,10 kV 侧一般采用环网开关,220/380V 侧为单母线分段接线。变压器绕组联结组别宜采用 Dyn11,单台容量不宜超过 800 kVA,宜三相均衡接入负荷。

(2)配电室一般独立建设。受条件所限必须进楼时,可设置在地下一层,但不应设置在最底层。非独立式或建筑物地下配电室应选用干式变压器,采取屏蔽、减振、降噪、防潮措施,并满足防火、防水和防小动物等要求。易涝区域配电室不应设置在地下。

10 kV 箱式变电站仅限用于配电室建设改造困难的情况,如架空线路入地改造地区、配电室无法扩容改造的场所,以及施工用电、临时用电等,一般配置单台变压器,变压器绕组联结组别宜采用 Dyn11,容量不宜超过 630 kVA。

2.4.6　10 kV 配电开关

柱上开关的配置应符合下列规定:

(1)一般采用柱上负荷开关作为线路分段、联络开关。长线路后段(超出变电站过流保护范围)、大分支线路首端、用户分界点处可采用柱上断路器,并上传动作信号。

(2)规划实施配电自动化的地区,所选用的开关应满足自动化改造要求,并预留自动化接口。

开关站的配置应符合下列规定:

(1)开关站宜建于负荷中心区,一般配置双电源,分别取自不同变电站或同一座变电站的不同母线。

(2)开关站接线宜简化,一般采用两路电源进线、6~12 路出线,单母线分段接线,出线断路器带保护。开关站应按配电自动化要求设计并留有发展余地。

根据环网室(箱)的负荷性质,中压供电电源可采用双电源或采用单电源,进线及环出线采用断路器,配出线根据电网情况及负荷性质采用断路器或负荷开关-熔断器组合电器。

2.4.7 低压线路

220/380 V 配电网应有较强的适应性,主干线截面应按远期规划一次选定,具体导线界面选择可参考表 2-10 确定。

表 2-10 220/380 V 线路导线截面

线路形式	供电区域类型	主干线截面/mm²
电缆线路	A+、A,B,C	≥120
	A+、A,B,C	≥120
架空线路	D、E	≥50

注:表中推荐的架空线路为铝芯,电缆线路为铜芯。

新建架空线路应采用绝缘导线,对环境与安全有特殊需求的地区可选用电缆线路。对原有裸导线线路,应加大绝缘化改造力度。

220/380 V 电缆可采用排管、沟槽、直埋等敷设方式。穿越道路时,应采用抗压力保护管。

220/380 V 线路应有明确的供电范围,供电距离应满足末端电压质量的要求。

一般区域 220/380 V 架空线路可采用耐候铝芯交联聚乙烯绝缘导线,沿海及严重化工污秽区域可采用耐候铜芯交联聚乙烯绝缘导线,在大跨越和其他受力不能满足要求的线段可选用钢芯铝绞线。

2.4.8 低压开关

低压开关柜母线规格宜按终期变压器容量配置选用,一次到位,按功能分为进线柜、母线柜、馈线柜、无功补偿柜等。

低压电缆分支箱结构宜采用元件模块拼装、框架组装结构,母线及馈线均绝缘封闭。

综合配电箱型号应与配变容量和低压系统接地方式相适应,且满足一定的负荷发展需求。

2.5 规划计算

本节根据 2020 年国家电网发布的《配电网规划设计技术导则》(Q/GDW 10738—2020)、2016 年国家电网公司发布的《配电网规划计算分析功能规范》(Q/GDW 11542—2016)编制。

2.5.1 一般要求

应通过计算分析确定配电网的潮流分布情况、短路电流水平、供电安全水平、供电可靠性水平、无功优化配置方案和效率效益水平。

配电网计算分析应采用合适的模型,数据不足时可采用典型模型和参数。

分布式电源和储能设施、电动汽车充换电设施等新型负荷接入配电网时,应进行相关计算分析。

配电网计算分析应考虑远景规划,远景规划计算结果可用于电气设备适应性校核。

配电网规划应充分利用辅助决策手段开展现状分析、负荷预测、多方案编制、规划方案计算与评价、方案评审与确定、后评价等工作。

2.5.2 数据校验

拓扑模型参数校验:

(1)孤岛检测:检测配电网的拓扑连接关系,分析电网中是否存在拓扑孤立的设备(无电源的配电设备)。宜通过列表方式将孤岛设备列出,并支持图形定位功能,便于用户快速修正以消除孤岛。

(2)环网检测:在非环网运行的配电网中,检测配电网中的联络线路是否处于合环运行状态,宜通过列表方式将环网线路列出,并支持图形定位功能,便于用户快速修正以消除环网。

2.5.3 潮流计算分析

潮流计算应根据给定的运行条件和拓扑结构确定电网的运行状态。

应按电网典型方式对规划水平年的 110～35 kV 电网进行潮流计算。

10 kV 电网在结构发生变化或运行方式发生改变时应进行潮流计算,可按分区、变电站或线路计算到节点或等效节点。

　　配电网潮流计算功能主要包括但不限于以下三方面内容:

　　(1)根据给定的运行条件和拓扑结构确定网络的运行状态,计算得出配电网(全部馈线或部分馈线)的母线潮流、线段潮流、电源潮流、负荷潮流、单个元件功率损耗以及整体网损等计算结果。潮流计算结果可作为短路电流计算、无功优化计算、供电安全分析的数据基础。

　　(2)宜采用适用于配电网的计算方法,如牛顿法、前推回代法。潮流计算的收敛精度和输电网计算相同。

　　(3)输出结果宜通过表格、图形标注等方式进行展示,且要符合相应的数据规范。

2.5.4　短路电流计算分析

　　应通过短路电流计算确定电网短路电流水平,为设备选型等提供支撑。

　　在电网结构发生变化或运行方式发生改变的情况下,应开展短路电流计算,并提出限制短路电流的措施。

　　110～10 kV 电网短路电流计算,应综合考虑上级电源和本地电源接入情况,以及中性点接地方式,计算变电站 10 kV 母线、电源接入点、中性点以及10 kV 线路上的任意节点。

　　配电网短路电流计算支持对配电网进行计算,可以得出任意节点或馈线段区域内(如馈线段的 1/2、1/3 处)的三相短路、两相短路、单相接地短路、两相短路接地等全网短路的计算结果。

2.5.5　供电安全水平计算分析

　　应通过供电安全水平分析校核电网是否满足供电安全准则。

　　供电安全水平计算分析的目的是校核电网是否满足供电安全标准,即模拟低压线路故障、配电变压器故障、中压线路(线段)故障、110～35 kV 变压器或线路故障对电网的影响,校验负荷损失程度,检查负荷转移后相关元件是否过负荷,电网电压是否越限。

　　可按典型运行方式对配电网的典型区域进行供电安全水平分析。

　　配电网供电安全分析应支持配电网的联络和分段情况,模拟 N-1 停运带来的影响,校验负荷损失程度和线路末端电压,检查其他元件是否仍能满足运行要求,以检验规划电网的供电安全水平。

2.5.6 供电可靠性计算分析

供电可靠性计算分析的目的是确定现状和规划期内配电网的供电可靠性指标,分析影响供电可靠性的薄弱环节,提出改善供电可靠性指标的规划方案。

供电可靠性指标可按给定的电网结构、典型运行方式以及供电可靠性相关计算参数等条件选取典型区域进行计算分析。计算指标包括系统平均停电时间、系统平均停电频率、平均供电可靠率、用户平均停电缺供电量等。

供电可靠性指标计算方法可参照 DL/T 836 的相关规定。

配电网供电可靠性计算功能支持对配电网、单条馈线以及单个负荷点等不同层级的可靠性计算分析。

2.5.7 无功规划计算分析

无功规划计算分析的目的是确定无功配置方案(方式、位置和容量),以保证电压质量,降低网损。

无功配置方案需结合节点电压允许偏差范围、节点功率因数要求、设备参数(变压器、无功设备与线路等)以及不同运行方式进行优化分析。无功总容量需求应按照大负荷方式计算确定,分组容量应考虑变电站负荷较小时的无功补偿要求合理确定,以达到无功设备投资最小或网损最小的目标。

配电网无功优化功能主要包括但不限于:

(1)包括变压器低压侧补偿计算和中压线路杆上补偿计算两部分。

(2)要分大运行方式和小运行方式且分别做潮流计算的校验,防止无功补偿不足和过补偿。

(3)要满足就地补偿原则。变压器低压侧要计算补偿的容量范围,线路杆上补偿要计算补偿的位置和补偿容量。

2.5.8 效率效益计算分析

应分电压等级开展线损计算:对于 35 kV 及以上配电网,应采用以潮流计算为基础的方法来计算;对于 35 kV 以下配电网,可采用网络简化和负荷简化方法进行近似计算。

应开展设备利用率计算分析,包括设备最大负载率、平均负载率、最大负荷利用小时数、主(配)变容量利用小时数等指标。

应分析单位投资增供负荷、单位投资增供电量等经济性指标。

2.6　技术经济分析

本节根据 2020 年国家电网发布的《配电网规划设计技术导则》(Q/GDW 10738—2020)、2016 年国家电网公司发布的《配电网规划计算分析功能规范》(Q/GDW 11542—2016)、2018 年国家电网发布的《配电网规划项目技术经济比选导则》(Q/GDW 11617—2017)编制。

2.6.1　一般要求

技术经济分析应对各备选方案进行技术比较、经济分析和效果评价,评估规划项目在技术、经济上的可行性及合理性,为投资决策提供依据。

技术经济分析应确定规划目标和全寿命周期内投资费用的最佳组合,可根据实际情况选用以下两种评估方式:

(1)在给定投资额度的条件下选择规划目标最优的方案;

(2)在给定规划目标的条件下选择投资最小的方案。

技术经济分析的评估方法主要包括最少费用评估法、收益/成本评估法以及收益增量/成本增量评估法。最少费用评估法宜用于确定各个规划项目的投资规模及相应的分配方案。收益/成本评估法宜用于新建项目的评估,可通过相应比值评估各备选项目。收益增量/成本增量评估法可用于新建或改造项目的评估。

技术经济分析评估指标主要包括供电能力、供电质量、效率效益、智能化水平、全寿命周期成本等。

在技术经济分析的基础上,还应进行财务评价。财务评价应根据企业当前的经营状况以及折旧率、贷款利息等计算参数的合理假定,采用内部收益率法、净现值法、年费用法、投资回收期法等,分析配电网规划期内的经济效益。

财务评价指标主要包括资产负债率、内部收益率、投资回收期等。

配电网经济性评估功能主要包括:

(1)在给定投资额度的条件下,评估不同的配电网规划方案,选择供电可靠性最高的方案。

(2)在给定供电可靠性目标的条件下,评估不同的配电网规划方案,选择投资最少的方案。

(3)通过评估来确定供电可靠性和资产全寿命周期年限内投资费用的最佳组合。

(4)评估方法主要应用最少费用评估法、收益/成本评估法以及收益增量/成本增量评估法三种方法。评估指标主要包括不同规划方案的综合费用、设备投资费用、运行费用、检修维护费用、故障损失费用等。

2.6.2 比选方法

推荐比选方法：配电网规划项目技术经济比选可采用净年值法、最小费用法和效益成本比法。

净年值法计算项目全寿命周期的效益年值和成本年值，取效益年值与成本年值之差作为净年值，以净年值最大的项目为优。净年值法宜用于计算期不同的互斥方案比选。

最小费用法取项目全寿命周期的成本年值作为费用，以费用最少的项目为优。最小费用法宜用于效益相同或相当情况下互斥方案比选。

效益成本比法计算项目全寿命周期的效益年值和成本年值，以效益成本比最大的项目为优。效益成本比法可用于效益、成本不同的互斥方案比选及独立项目排序。

2.6.3 成本指标

成本指标是指项目的资产全寿命周期成本，包括建设期的初始投资、运行期的运维成本以及退役成本。

2.6.4 效益指标

效益指标是指项目的资产全寿命周期效益，包括增供电量效益、可靠性效益和降损效益。

增供电量效益首先计算项目实施前后关联电网供电能力变化值，并通过增供电量分摊系数求得增供电量，再计算增供电量效益年值。

可靠性效益为项目实施后供电可靠性提升、停电损失减少而带来的效益。

降损效益为项目实施后关联电网网损降低带来的效益。

总效益年值为项目实施后的增供电量效益年值、可靠性效益年值、降损效益年值之和。

2.6.5 比选方法和计算内容选择

配电网规划项目互斥方案比选方法和计算内容见表 2-11：

表 2-11　　　　　　　　　　　互斥方案比选方法和计算内容

类别	类别细分	比选方法	效益
规划网架	电压等级		增供电量效益、可靠性效益、降损效益
	网络结构	效益成本比法/净年值法/最小费用法	—
	空间布局	—	—
	容量配置	—	—
规划项目	系统方案(电压等级、接入方式)	效益成本比法/净年值法/最小费用法	可靠性效益、降损效益
	主接线(站内接线形式)	效益成本比法/净年值法/最小费用法	可靠性效益
	站址路径	最小费用法	—
	布置形式(户内、半户内、户外)	效益成本比法/净年值法/最小费用法	可靠性效益
	设备选型(AIS、GIS、HGIS)	效益成本比法/净年值法/最小费用法	可靠性效益
	设计容量(变电容量、线路截面)	效益成本比法/净年值法/最小费用法	增供电量效益、可靠性效益、降损效益

配电网规划独立项目比选方法和计算内容见表 2-12:

表 2-12　　　　　　　　　　　独立项目比选方法和计算内容

类别	类别细分	比选方法	效益
规划项目	无电地区供电	最小费用法/净年值法	增供电量效益
	满足新增负荷供电要求项目	效益成本比法/净年值法	增供电量效益、可靠性效益、降损效益
	解决设备重(过)载项目	效益成本比法/净年值法	增供电量效益、可靠性效益、降损效益
	解决"低电压"台区项目	效益成本比法/净年值法	降损效益
	变电站配套送出工程	效益成本比法/净年值法	增供电量效益、可靠性效益、降损效益
	解决"卡脖子"项目	效益成本比法/净年值法	增供电量效益
	消除设备安全隐患项目	效益成本比法/净年值法	可靠性效益
	加强网架结构项目	效益成本比法/净年值法	可靠性效益、降损效益
	改造高损配变项目	效益成本比法/净年值法	降损效益
	分布式电源接入项目	效益成本比法/净年值法/最小费用法	可靠性效益、降损效益
	电动汽车充换电设施接入项目	效益成本比法/净年值法/最小费用法	增供电量效益

第3章
用户及电源接入

3.1 电源接入

本节根据 2020 年国家电网发布的《配电网规划设计技术导则》(Q/GDW 10738—2020)、2018 年国家电网发布的《分布式电源接入配电网设计规范》(Q/GDW 11147—2017)编制。

3.1.1 基本概念

(1)分布式电源

接入 35 kV 及以下电压等级电网、位于用户附近,在 35 kV 及以下电压等级就地消纳为主的电源。

(2)公共连接点

用户系统(发电或用电)接入公用电网的连接处。

(3)并网点

对于有升压站的分布式电源,并网点为分布式电源升压站高压侧母线或节点;对于无升压站的分布式电源,并网点为分布式电源的输出汇总点。

(4)专线接入

接入点处设置了专用开关设备(间隔)的接入方式,如分布式电源通过专用线路直接接入变电站、开关站、配电室母线或环网单元等方式。

(5)变流器类型分布式电源

采用变流器连接到电网的分布式电源。

(6)同步电机类型分布式电源

通过同步电机发电并直接连接到电网的分布式电源。

(7)感应电机类型分布式电源

通过感应电机发电并直接连接到电网的分布式电源。

(8)孤岛

包含负荷和电源的部分电网,从主网脱离后继续孤立运行的状态。孤岛可分为非计划性孤岛和计划性孤岛。

3.1.2 基本规定

配电网应满足国家鼓励发展的各类电源及新能源、微电网的接入要求,逐步形成能源互联、能源综合利用的体系。

接入 110 kV 及以下配电网的电源,在满足电网安全运行及电能质量要求时,可采用 T 接方式并网。

在分布式电源接入前,应以保障电网安全稳定运行和分布式电源消纳为前提,对接入的配电线流量、变压器容量进行校核,并对接入的母线、线路、开关等进行短路电流和热稳定校核,如有必要也可进行动稳定校核。不满足运行要求时,应进行相应电网改造或重新规划分布式电源的接入。

在满足供电安全及系统调峰的条件下,接入单条线路的电源总容量不应超过线路的允许容量;接入本级配电网的电源总容量不应超过上一级变压器的额定容量以及上一级线路的允许容量。

3.1.3 分布式电源接入电压等级

分布式电源接入 35 kV 及以下电压等级配电网设计应遵循以下基本原则:

(1)接入配电网的分布式电源按照类型。主要包括变流器型分布式电源、感应电机型分布式电源及同步电机型分布式电源;

(2)分布式电源接入配电网,其电能质量、有功功率及其变化率、无功功率及电压、在电网电压/频率发生异常时的响应,均应满足现行国家、行业标准的有关规定;

(3)分布式电源接入配电网设计应遵循资源节约、环境友好、新技术、新材料、新工艺的原则。

电源并网电压等级可根据装机容量进行初步选择,可参考表 3-1,最终并网电压等级应根据电网条件,通过技术经济比较论证后确定。

表 3-1　　　　　　　　　　　电源并网电压等级

电源总容量范围	并网电压等级
8 kW 及以下	220 V
8 kW～400 kW	380 V
400 kW～6 MW	10 kV
6 MW～100 MW	35 kV、66 kV、110 kV

3.1.4　分布式电源接入点

分布式电源可接入公共电网或用户电网,接入点选择应根据其电压等级及周边电网情况确定,具体可参考表 3-2。

表 3-2　　　　　　　　　　分布式电源接入点选择

电压等级	接入点
35 kV	变电站、开关站 35 kV 母线
10 kV	变电站、开关站、配电室、箱式变电站、环网箱(室)的 10 kV 母线;10 kV 线路(架空线路)
380/220 V	配电箱/线路;配电室、箱式变电站和柱上变压器低压母线

3.1.5　分布式电源接入系统潮流计算应遵循的原则

(1)潮流计算无须对分布式电源送出线路进行 N1 校核,但应分析电源典型出力变化引起的线路功率和节点电压的变化;

(2)分布式电源接入配电网设计时,应对设计水平年有代表性的电源出力和不同负荷组合的运行方式、检修运行方式以及事故运行方式进行分析,还应计算光伏发电等最大出力主要出现时段的运行方式,必要时进行潮流计算以校核该地区潮流分布情况及上级电网输送能力,分析电压、谐波等存在的问题;

(3)必要时应考虑本项目投运后 5～10 年相关地区预计投运的其他分布式电源项目,并纳入潮流计算。相关地区是指本项目公共连接点上级变电站所有低压侧出线覆盖地区;

(4)针对变电站主变跳闸后的状态,应对分布式电源接入侧相关主变/配电室高压侧母线残压进行计算校核,对低压侧母线母联自投时的非同期合环电流进行计算校核。

3.1.6　短路计算

短路计算应针对分布式电源最大运行方式,对分布式电源并网点及相关节点进行三相及单相短路电流计算。

短路电流计算为现有保护装置的整定和更换以及设备选型提供依据。当已有设备短路电流开断能力不满足短路计算结果时,应提出限流措施或解决方案。

3.1.7　稳定计算

同步电机类型的分布式电源接入 35/10 kV 配电网时应进行稳定计算。其他类型的发电系统及接入 380/220 V 系统的分布式电源,可省略稳定计算。稳定计算分析应符合 DL755 的要求,当分布式电源存在失步风险时应能够实现解列功能。

稳定计算分布式电源接入配电网工程设备选择应遵循以下原则:

(1)分布式电源接入系统工程应选用参数、性能满足电网及分布式电源安全可靠运行的设备;

(2)分布式电源的接地方式应与配电网侧接地方式相配合,并应满足人身设备安全和保护配合的要求。采用 10 kV 及以上电压等级直接并网的同步发电机中性点应经避雷器接地;

(3)变流器类型分布式电源接入容量超过本台区配变额定容量 25% 时,配变低压侧刀熔总开关应改造为低压总开关,并在配变低压母线处装设反孤岛装置;低压总开关应与反孤岛装置间具备操作闭锁功能,母线间有联络时,联络开关也应与反孤岛装置间具备操作闭锁功能。

3.1.8　设备选择

分布式电源升压站或输出汇总点的电气主接线方式,应根据分布式电源规划容量、分期建设情况、供电范围、当地负荷情况、接入电压等级和出线回路数等条件,通过技术经济分析比较后确定,可采用如下主接线方式:

(1)220 V:采用单元或单母线接线;

(2)380 V:采用单元或单母线接线;

(3)10 kV:采用线变组或单母线接线;

(4)35 kV:采用线变组或单母线接线;

(5)接有分布式电源的配电台区,不得与其他台区建立低压联络(配电室、箱式变低压母线间联络除外)

主接线选择用于分布式电源接入配电网工程的电气设备参数应符合下列要求:

(1)分布式电源升压变压器参数应包括台数、额定电压、容量、阻抗、调压方式、调压范围、连接组别、分接头以及中性点接地方式,应符合 GB24790、GB/T 6451、GB/T 17468 的有关规定。变压器容量可根据实际情况选择。

(2)分布式电源送出线路导线截面选择应遵循以下原则：

①送出线路导线截面选择应根据所需送出的容量、并网电压等级选取,并考虑分布式电源发电效率等因素,一般按持续极限输送容量选择;

②当接入公共电网时,应结合本地配电网规划与建设情况选择适合的导线。

(3)分布式电源接入系统工程断路器选择应遵循以下原则：

①380/220 V:分布式电源并网时,应设置明显开断点,并网点应安装易操作、具有明显开断指示、具备开断故障电流能力的断路器。断路器可选用微型、塑壳式或万能断路器,根据短路电流水平选择设备开断能力,并应留有一定裕度,应具备电源端与负荷端反接能力。其中,变流器类型分布式电源并网点应安装低压并网专用开关,专用开关应具备失压跳闸及低电压闭锁合闸功能,失压跳闸定值宜整定为 20％ UN、10 秒,检有压定值宜整定为大于 85％UN;

②10 kV:分布式电源并网点应安装易操作、可闭锁、具有明显开断点、具备接地条件、可开断故障电流的断路器;

③当分布式电源并网公共连接点为负荷开关时,宜改造为断路器;并根据短路电流水平选择设备开断能力,宜留有一定裕度。

(4)电气设备参数分布式电源接入系统工程设计的无功配置应满足以下要求：

①分布式电源的无功功率和电压调节能力应满足 Q/GDW212、GB/T 29319 的有关规定,应通过技术经济比较,提出合理的无功补偿措施,包括无功补偿装置的容量、类型和安装位置;

②分布式电源系统无功补偿容量的计算应依据变流器功率因数、汇集线路、变压器和送出线路的无功损耗等因素;

③分布式电源接入用户配电系统,用户应根据运行情况配置无功补偿装置或采取措施保障用户功率因数达到考核要求;

④对于同步电机类型分布式发电系统,可省略无功计算;

⑤分布式发电系统配置的无功补偿装置类型、容量及安装位置应结合分布式发电系统实际接入情况、统筹电能质量考核结果确定,还应考虑分布式电源的无功调节能力,必要时安装动态无功补偿装置。

3.1.9 无功配置

分布式电源接入配电网的并网点功率因数应满足 Q/GDW1480 的要求,并宜在设计中实现以下功能：

(1)35/10 kV 电压等级接入的同步发电机类型分布式电源参与并网点的电压调节;

（2）35/10 kV 电压等级接入的异步发电机类型分布式电源通过调整功率因数稳定电压水平；

（3）35/10 kV 电压等级接入的变流器类型分布式电源在其无功输出范围内，根据并网点电压水平调节无功输出，参与电网电压调节。

3.1.10 电能质量

分布式电源并网后，所接入公共连接点的电压偏差应满足 GB/T 12325 的规定：

（1）35 kV 公共连接点电压正、负偏差的绝对值之和不超过标称电压的 10%（如供电电压上下偏差同号时，按较大的偏差绝对值作为衡量依据）。

（2）20 kV 及以下三相公共连接点电压偏差不超过标称电压的 ±7%。

（3）220V 单相公共连接点电压偏差不超过标称电压的 +7%、−10%。

电压偏差分布式电源并网后，所接入公共连接点的三相电压不平衡度不应超过 GB/T 15543 规定的限值，公共连接点的三相电压不平衡度不应超过 2%，短时不超过 4%；其中，由各分布式电源引起的公共连接点三相电压不平衡度不应超过 1.3%，短时不超过 2.6%。

分布式电源以 380/220 V 电压等级接入公共电网时，并网点和公共连接点的断路器应具备短路速断、延时保护功能和分励脱扣、失压跳闸及低压闭锁合闸等功能，同时应配置剩余电流保护装置。

3.1.11 继电保护及安全自动装置

分布式电源接入 10 kV 电压等级系统保护参考以下原则配置：

（1）分布式电源采用专用送出线路接入变电站、开关站、环网室（箱）、配电室或箱变 10 kV 母线时，宜配置（方向）过流保护，也可配置距离保护；当上述两种保护无法整定或配合困难时，应增配纵联电流差动保护；

（2）分布式电源采用 T 接线路接入系统时，宜在分布式电源站侧配置无延时过流保护反映内部故障并配置联切装置，条件具备时可配置三端光差保护。

系统相关保护应按照以下原则校验和完善：

（1）分布式电源接入配电网后，应对分布式电源送出线路相邻线路现有保护进行校验，当不满足要求时，应调整保护配置；

（2）分布式电源接入配电网后，应校验相邻线路的开关和电流互感器是否满足最大短路电流情况的要求；

（3）分布式电源接入配电网后，必要时按双侧电源线路完善保护配置；

（4）公共电网变电站 10 kV 侧接入分布式电源的，主变中性点处无 PT 的应加装中性点 PT。

分布式电源接入系统母线保护宜按照以下原则配置：

(1)分布式电源系统设有母线时，可不设专用母线保护，当发生故障时，可由母线有源连接元件的后备保护切除故障。如后备保护时限不能满足稳定要求，可相应配置保护装置，快速切除母线故障；

(2)应对系统侧变电站或开关站侧的母线保护进行校验，若不能满足要求时，则变电站或开关站侧应配置保护装置，快速切除母线故障。

分布式电源接入 35/10 kV 电压等级系统安全自动装置应满足以下要求：

(1)实现频率电压异常紧急控制功能，按照整定值跳开并网点断路器；

(2)以 35/10 kV 电压等级接入配电网时，在并网点设置安全自动装置；若 35/10 kV 线路保护具备失压跳闸及低压闭锁功能，可以按 UN 实现解列，可不配置具备该功能的自动装置；

(3)实现防孤岛功能，防止产生非计划性孤岛，可以由独立装置实现，也可以由设备中的防孤岛模块或变流器等实现；

(4)以 380/220 V 电压等级接入时，不独立配置安全自动装置；

(5)分布式电源本体应具备故障和异常工作状态报警和保护的功能。

3.1.12 分布式电源调度管理

以 10 kV 电压等级接入的分布式电源，应按当地相关规定执行调度管理，上传信息包括并网设备状态、并网点电压、电流、有功功率、无功功率和发电量，调控中心应实时监视运行情况。以 35/10 kV 接入的分布式电源，应具备与电力系统调度机构之间进行数据通信的能力，能够采集电源并网状态、电流、电压、有功、无功、发电量等电气运行工况，上传至相应的电网调度机构；以 380/220 V 电压等级接入的分布式电源，应上传发电量信息，经同步电机形式接入配电网的分布式电源应同时具备并网点开关状态信息采集和上传能力。

3.1.13 调度自动化远动系统

分布式电源远动系统按以下原则执行：

(1)以 380 V 电压等级接入的分布式电源，按照相关暂行规定，可通过配置无线采集终端装置或接入现有集抄系统实现电量信息采集及远传，一般不配置独立的远动系统；

(2)以 10 kV 电压等级接入的分布式电源本体远动系统功能宜由本体监控系统集成，本体监控系统具备信息远传功能；当本体不具备条件时，应独立配置远方终端，采集相关信息；

（3）以多点、多电压等级接入时，380 V 部分信息由 10 kV 电压等级接入的分布式电源本体远动系统统一采集并远传。

3.1.14　分布式电源功率控制要求

分布式电源接入系统的功率控制应满足以下要求：

（1）当调度端对分布式电源有功率控制要求时，应明确参与控制的上下行信息及控制方案；

（2）分布式电源通信服务器应具备与控制系统的接口，接收配网调度部门的指令，具体调节方案由配网调度部门根据运行方式确定；

（3）分布式电源有功功率控制系统应能够接收并自动执行配网调度部门发送的有功功率及有功功率变化的控制指令，确保分布式电源有功功率及有功功率变化按照配网调度部门的要求运行；

（4）分布式电源无功电压控制系统应能根据配网调度部门指令，自动调节其发出（或吸收）的无功功率，控制并网点电压在正常运行范围内，其调节速度和控制精度应能满足电力系统电压调节的要求。

3.1.15　分布式电源信息传输

分布式电源接入系统的信息传输应满足以下要求：

（1）35 kV 接入的分布式电源远动信息上传宜采用专网方式，可单路配置专网远动通道，优先采用电力调度数据网络；

（2）10 kV 接入用户侧的分布式光伏发电、风电、海洋能发电项目、380 V 接入的分布式电源项目，可采用无线公网通信方式，但应满足信息安全防护要求；

（3）通信方式和信息传输应符合相关标准的要求，一般可采取基于 DL/T634.5101 和 DL/T634.5104 的通信协议。

3.1.16　分布式电源安全防护

当有分布式电源接入时，应根据"安全分区、网络专用、横向隔离、纵向认证"的二次安全防护总体原则配置相应的安全防护设备，相关技术应满足国家发改委 14 号令和国能安全〔2015〕36 号文的要求。

3.1.17　分布式电源对时方式

当有分布式电源 10 kV 接入时，应能够实现对时功能，可采用北斗对时方式、GPS 对时方式或网络对时方式。

3.1.18 分布式电源接入配电网计量装置

设置分布式电源接入配电网计量装置应满足以下要求：

(1)自发自用余量上网运营模式,应采用多点计量,分别设置在分布式电源并网点(并网开关的发电侧)、发电量计量点和用户负荷支路,同时在电网侧安装比对表;

(2)自发自用余量不上网运营模式,可按照常规用户设置在产权分界点,同时在电网侧安装比对表;

(3)全部上网运营模式,应设置在分布式电源并网点和发电量计量点,同时在电网侧安装比对表。

分布式电源接入系统的计量配置应满足以下要求：

(1)每个计量点均应装设电能计量装置,其设备配置和技术要求应符合DL/T448、DL/T5202的要求,电能表宜采用智能电能表,技术性能符合DL/T1485、DL/T1486和DL/T1487的要求;

(2)电能表应具备正向和反向有功电能计量以及四象限无功电量计量功能、事件记录功能,配有数据通信接口,具备本地通信和接入电能信息采集与管理系统的功能,电能表通信协议应符合DL/T645及其备案文件的要求;

(3)以35/10 kV电压等级接入配电网,关口计量点应安装同型号、同规格、准确度相同的主、副电能表各一只;

(4)以380/220 V电压等级接入配电网的分布式电源,在每个计量点宜配置一只智能电能表。

分布式电源接入系统的计量用电流、电压互感器应满足以下要求：

(1)以35/10 kV电压等级接入配电网时,计量用互感器的二次计量绕组应专用,不得接入与电能计量无关的设备;

(2)电能计量装置应配置专用的整体式电能计量柜(箱),电流、电压互感器宜在一个柜内,在电流、电压互感器分柜的情况下,电能表应安装在电流互感器柜内。

分布式电源接入系统的电能量采集终端应满足以下要求：

(1)以35/10 kV电压等级接入配电网时,电能量关口计量点宜设置专用电能量信息采集终端,采集信息可支持接入多个电能量信息采集系统;

(2)以220/380 V电压等级接入配电网时,电能计量装置可采用无线采集方式;

(3)以多点接入时,各表计量信息应统一采集后,传输至相关信息系统。

3.1.19　安全裕度

安全裕度主要评估分布式电源接入对配电网各层级供电安全水平的影响。

安全裕度应包括容量裕度、供电安全水平、短路电流等指标。

安全裕度评估应结合分布式电源出力特性和负荷特性,在典型时间断面下开展。

3.1.20　容量裕度

容量裕度指标的评估原则为当分布式电源接入后,变压器和线路等电网设备的负载水平应满足额定容量的限制要求。

3.1.21　配电网接纳分布式电源能力评估

配电网接纳分布式电源能力评估之前应收集电网、负荷、分布式电源等相关基础数据。其中,电网数据主要包括网架结构、设备参数、建设改造经济性指标等;负荷数据主要包括负荷模型、最大负荷、典型负荷曲线等;分布式电源数据主要包括分布式电源类型、分布式电源模型、典型容量参数、典型出力曲线、分布式电源的规划分布情况及装机规模等。

分布式电源典型接入方案应基于区域特点、建设条件及配电网情况,参照典型设计合理制订。

配电网接纳分布式电源的能力评估应结合负荷与电源出力特性,在电网最大、最小等典型运行方式的基础上分计算场景开展。

区域内含有可调控的分布式电源时,典型计算场景设置时应充分考虑分布式电源出力调节的影响与不同类型分布式电源的互补特性,最大限度地消纳不可控分布式电源的出力,以提升各类分布式电源的整体接纳水平。

评估分布式电源接纳能力时,应考虑区域内需求侧管理的影响。

配电网接纳分布式电源的能力评估应从低压线路、配电变压器、中压线路、35～110 kV 变电站、35～110 kV 线路五个层级依次开展,必要时可评估更高电网层级的适应性。在进行分层级评估时,应采用合适的计算分析工具,评估各层级相应的关键指标。

低压线路、配电变压器层级应主要评估安全裕度、电能质量与经济分析等相关指标。

中压线路、35～110 kV 变电站、35～110 kV 线路层级应主要评估安全裕度、电能质量、调控能力与经济分析等相关指标。

应选取适当的分布式电源初始接入容量进行迭代计算评估,根据指标评估结果确定典型方案下的分布式电源最大可接入容量。

主要流程如下所示：

(1)准备评估基础数据,包括电网数据、负荷数据、分布式电源数据等;

(2)确定本地区可能采用的分布式电源典型接入方案;

(3)分场景、分层级评估不同典型接入方案、不同接入容量规模下的指标;

(4)基于迭代计算评估结果,得到能够满足相应指标要求的分布式电源最大接入容量,确定被评估配电网的分布式电源接纳能力。

分布式电源接纳能力的评估结果,宜作为地区分布式电源及新能源规划的参考依据。通过分布式电源接纳能力评估,可找出本地区配电网接纳分布式电源的薄弱环节,提出有针对性的规划与建设需求,为配电网规划提供基础数据,实现配电网与分布式电源的协调发展。

调控能力主要评估接入的分布式电源参与配电网调控的能力。

调控能力应包括可参与配电网有功调节的分布式电源容量/数量占比、可参与配电网无功调节的分布式电源容量/数量占比、分布式电源数据采集覆盖率等指标。

对含储能的分布式电源接入,应评估其储能容量在时空上参与配电网有功功率调节对接纳能力的提升作用。

3.1.22 配电网接纳分布式电源经济分析评估

经济分析主要评估分布式电源接入对配电网投资和运行经济性的影响。

经济分析应包括分布式电源接入后配电网增加的建设改造成本、运维成本和电能损耗等指标。

建设改造成本指标评估原则为,分布式电源接入增加的电网建设改造总成本不宜超过分布式电源投资的25%。运维成本指标评估原则为,分布式电源接入增加的电网年运维成本不宜超过分布式电源年运维成本的15%。电能损耗指标评估原则为,分布式电源接入引起配电网电能损耗的增加不宜超过5%。

对于经济性较差的分布式电源接入方案,应开展专题论证。

3.2 电动汽车

本节根据2018年国家市场监督管理总局发布的《电动汽车充换电设施接入配电网技术规范》(GB/T 36278—2018)编制。

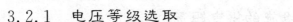

3.2.1　电压等级选取

电动汽车充换电设施供电电压等级选取：

（1）充换电设施所采用的标称电压应符合 GB/T 156 的要求。

（2）充换电设施的供电电压等级，应根据充电设备及辅助设备总容量，综合考虑需用系数、同时系数等因素，经过技术经济比较后确定，具体见表 3-3。

（3）充换电设施供电负荷的计算中应根据单台充电机的充电功率和使用频率、设施中的充电机数量等，合理选取负荷同时系数。

表 3-3　　　　　　充换电设施宜采用的供电电压等级

供电电压等级	充电设备及辅助设备总容量	受电变压器总容量
220 V	10 kW 及以下单相设备	—
380 V	100 kW 及以下	50 kVA 及以下
10 kV	—	50 kVA～10 MVA
20 kV	—	50 kVA～20 MVA
35 kV	—	5 MVA～40 MVA
66 kV	—	15 MVA～40 MVA
110 kV	—	20 MVA～100 MVA

3.2.2　充换电设施的用户等级

应满足 GB/Z 29328 的要求。具有重大政治、经济、安全意义的充换电站或中断供电将对公共交通造成较大影响或影响重要单位正常工作的充换电站，可作为二级重要用户，其他可作为一般用户。

3.2.3　10 kV 及以下电压等级供电的充换电设施接入点选取

（1）220 V 供电的充电设备宜接入低压公用配电箱；380 V 供电的充电设备宜通过专用线路接入低压配电室。

（2）接入 10（20）kV 电网的充换电设施，容量小于 4 000（8 000）kVA 宜接入公用电网 10 kV 线路或接入环网柜、电缆分支箱、开关站等，容量大于 4 000（8 000）kVA 的充换电设施宜专线接入。

（3）接入 35 kV、110（66）kV 电网的充换电设施，可接入变电站、开关站的相应母线 110 kV 及以下电压等级供电的充换电设施接入点，选取充换电设施接入电网后，其公共连接点及接入点的运行电压应满足 GB/T 12325 的要求，充换电设施的供电距离应根据充换电设施的供电负荷、系统运行电压，经电压损失计算确定。

3.2.4 充换电设施的供电距离

(1)采用35 kV及以上电压等级供电的充换电设施,其接线形式应满足GB 50059的要求。作为二级重要用户的充换电设施,高压侧宜采用桥形、单母线分段或线路变压器组接线,装设两台及以上主变压器,低压侧宜采用单母线分段接线。

(2)采用10(20)kV及以下电压等级供电的充换电设施,其接线形式应满足GB 50053的要求。作为二级重要用户的充换电设施,进线侧宜采用单母线分段接线。

(3)充换电设施供电变压器低压侧应根据需要留有1~2回备用出线回路。

3.2.5 充换电设施的接线形式

(1)充换电设施供电电源点应具备足够的供电能力,提供合格的电能质量,并确保电网安全运行。

(2)属于二级重要用户的充换电设施宜采用双回路供电,且应满足如下要求:

①当任何一路电源发生故障时,另一路电源应能对保安负荷持续供电。

②应配置自备应急电源,电源容量至少应满足全部保安负荷正常供电需求。

(3)属于一般用户的充换电设施可采用单回线路供电,宜配置自备应急电源,电源容量应满足80%保安负荷正常供电需求。电动汽车充换电设施供电电源充换电设施接入电网侧接地方式应和电网系统保持一致。

3.2.6 充换电设施的接地方式

(1)充换电设施供电变压器的选择应满足GB 50054的有关要求。

(2)充换电设施配电变压器宜选用干式低损耗节能型变压器。在过负荷、大容量等特殊条件下,可选用油浸式变压器。

(3)220 V单相接入的充电设施,变压器宜采用Dyn接线方式。

3.2.7 充换电设施的设备选择

(1)充换电设施接入电网线路设备的选择应满足GB 50054的有关要求。

(2)充换电设施接入电网线路应具有较强的适应性,其导线截面宜根据充换电设施最终规划容量一次选定。

(3)充换电设施接入电网线路的导线截面按经济电流密度选择,并按长期允许发热和机械强度条件进行校核。

3.2.8　充换电设施的电缆选择

充换电设施的电缆敷设应满足 GB 50217 的要求,电力电缆应不和热力管道、输送易燃、易爆及可燃气体管道或液体管道敷设在同一管沟内。

(1)充换电设施的无功补偿装置应按照"同步设计、同步施工、同步投运"的原则规划和建设。

(2)充换电设施的无功补偿装置应按就地平衡和便于调整电压的原则进行配置。

(3)采用 10 kV 及以上电压等级供电的充换电设施在高峰负荷时的功率因数不宜低于 0.95,采用 380 V 及以下电压等级供电的充换电设施在高峰负荷时的功率因数不宜低于 0.9,不能满足要求的应安装就地无功补偿装置。

(4)充换电设施设置的无功补偿装置,应具备随充电设备投切自动进行调节的能力。

3.2.9　充换电设施的无功补偿装置

(1)充换电设施采用 220/380 V 电压等级接入时,配电线路的低压开关设备及保护应符合 GB 50054 的相关要求。

(2)充换电设施采用 10～110 kV 电压等级接入时,保护配置应满足 GB/T 14285 的相关技术要求。

3.2.10　充换电设施的计量装置

(1)电动汽车充换电设施接入电网应明确上网电量计量点,原则上设在产权分界点。

(2)计量点应装设电能计量装置,其设备配置和技术要求应符合 DL/T 448 的相关要求。

(3)充换电设施电能计量装置分类类别参照 DL/T 448 的相关规定,其中Ⅰ、Ⅱ、Ⅲ类分类可按充换电设施负荷容量或月平均用电量确定,具体见表 3-4。

表 3-4　　　　　　　　　　　充换电设施的计量装置

充换电设施负荷/kVA	充换电设施月平均用电量/kW·h	电能计量装置分类
单相设备	—	Ⅴ类
315 kVA 以下	—	Ⅳ类
315 kVA 及以上	10 万及以上	Ⅲ类
2 000 kVA 及以上	100 万及以上	Ⅱ类
10 000 kVA 及以上	500 万及以上	Ⅰ类

3.2.11 充换电设施的电能质量

电能质量微电网由分布式发电、用电负荷、监控、保护和自动化装置等组成（必要时含储能装置），是一个能够基本实现内部电力电量平衡的小型供电网络。微电网分为并网型微电网和独立型微电网。

(1)谐波。充换电设施接入公共电网,公共连接点的谐波电压、谐波电流应满足 GB/T 14549 的规定。

(2)电压偏差。充换电设施接入公共电网,公共连接点的电压偏差应满足GB/T 12325 的规定。

(3)电压不平衡度。充换电设施接入公共电网,公共连接点的三相不平衡度应满足 GB/T 15543 的规定。

3.3 微电网

本节根据 2018 年中国电力企业联合会发布的《微电网接入系统设计规范》(T／CEC 5006—2018)编制。

3.3.1 基本概念

1.微电网

微电网由分布式发电、用电负荷、监控、保护和自动化装置等组成（必要时含储能装置），是一个能够基本实现内部电力电量平衡的小型供电网络。微电网分为并网型微电网和独立型微电网。

2.并网型微电网

既可以与外部电网并网运行,也可以独立运行,且以并网运行为主的微电网。

3.黑启动

微电网在全部停电后,只依靠内部分布式电源完成启动的过程。

4.并网点

微电网宜采用单个并网点接入系统。当有两个及以上与外部电网的并网点时,在并网运行时,应保证只有一个并网开关处于闭合状态。

3.3.2 微电网接入电压等级

微电网接入的电压等级应根据安全性、灵活性、经济性原则,以及微电网与系统的最大交换功率、导线载流量、上级变压器及线路可接纳能力、所在地区配电网情况确定。当高、低两级电压均具备接入条件时,可采用低电压等级接入,但不应低于微电网内最高电压等级,具体电压等级选择见表3-5。

表 3-5　　　　　　　　　微电网接入电压等级

微电网与系统的最大交换功率 PN	并网电压等级
PN≤8 kW	220 V
8 kW＜PN≤400 kW	380 V
400 kW＜PN≤6 MW	10(6) kV
6 MW＜PN≤30 MW	35 kV

3.3.3　微电网潮流计算

微电网接入系统潮流计算,应对设计水平年具有代表性的运行方式进行分析,且至少应包含向系统输出最大功率、零交换功率/独立运行、从系统吸收最大功率,必要时校核该地区潮流分布情况及上级主变压器和线路的输送能力。

当项目投运 3～5 年内有规划投运的分布式电源或负荷时,应进行相应水平年的潮流计算。

潮流计算微电网接入后,所接入公共连接点的电能质量应符合现行国家标准《微电网接入电力系统技术规定》GB/T 33589 的规定。

3.3.4　微电网电能质量

微电网应具有电能质量监测功能,电能质量监测历史数据应至少保存一年。

通过 10(6)～35 kV 电压等级并网的微电网的公共连接点应装设电能质量在线监测装置,监测装置应符合现行国家标准《电能质量监测设备通用要求》GB/T 19862 的规定。

3.3.5　并网点

微电网并网点的电气主接线方式,应根据微电网内分布式电源规划容量、供电范围、负荷情况、接入电压等级和出线回路数等条件,通过技术经济分析比较后确定,并应符合下列规定:

(1)配电站高压侧宜采用线路变压器组或单母线接线,低压侧可采用单母线或单母分段接线;

(2)输出汇总点宜采用单母线接线。

微电网并网点宜采用快速开关,能够耐受短路电流,并具有较高的可靠性和较小的导通损耗。

微电网并网点的接地方式应与配电网侧接地方式一致,并应符合现行行业标准《交流电气装置的过电压保护和绝缘配合》DL/T 620 的相关规定。

3.3.6 微电网设备选择

根据微电网运行方式、接入电压等级和可靠性需求等条件,提出台数、额定电压、容量、调压方式、调压范围、连接组别、分接头和中性点接地方式,应符合现行国家标准《电力变压器选用导则》GB/T 17468 和《电力变压器能效限定值及能效等级》GB 24790 的有关规定,并应符合下列规定:

(1)应优先选用自冷式、低损耗变压器;

(2)可采用无励磁调压变压器;当无励磁调压变压器不能满足系统调压要求时,应采用有载调压变压器;

(3)变压器容量可按微电网与外部电网的最大连续交换功率进行选取,且宜选用标准容量。

根据电压等级、使用环境、供电距离等条件,选取导线形式和材料,并按照以下一个或多个因素选择导线截面:

(1)安全载流量;

(2)允许电压损失;

(3)经济电流密度;

(4)机械强度;

(5)短路时的热稳定。

3.3.7 微电网无功功率和电压调节能力

微电网的无功功率和电压调节能力应符合现行国家标准《微电网接入电力系统技术规定》GB/T 33589 的规定,其无功和电压调节应充分发挥微电网内分布式电源的无功控制能力,必要时安装无功补偿装置,并应符合下列规定:

(1)通过 380V/220 V 电压等级并网的微电网,并网线路两侧保护应具备电流保护功能;

(2)通过 10(6) kV~35 kV 电压等级并网的微电网,并网线路两侧可采用电流保护或距离保护;

(3)当第1、2款两种保护整定或配合困难时,可采用差动保护;

(4)应对微电网并网线路相邻线路现有保护进行校核,当不满足要求时,应调整保护定值或保护配置。

3.3.8　继电保护和安全自动装置

当继电保护和安全自动装置微电网设有母线时,可不设专用母线保护,发生故障时可由母线有源连接元件的后备保护切除故障。当后备保护时限不能满足稳定要求时,可相应配置保护装置,快速切除母线故障。

微电网应具备快速检测孤岛且立即转为独立运行模式的能力,其动作时间应与电网侧线路保护重合闸时间相配合,且应符合下列规定:

(1)通过 380 V/220 V 电压等级并网的微电网,可不独立配置安全自动装置;

(2)通过 10(6) kV~35 kV 电压等级并网的微电网,应具备频率电压异常紧急控制功能,可按照整定值跳开并网点开关。当微电网并网点开关具备频率电压异常紧急控制功能时,可不设置专用安全自动装置;否则,应在并网点设置专用安全自动装置;

(3)微电网应具备同期功能。

3.3.9　通信和自动化

通过 10(6) kV~35 kV 电压等级并网的微电网,在正常运行情况下,微电网向电网调度机构提供的信号至少应包括下列内容:

(1)微电网并网点电压、电流;

(2)微电网与电网交换的有功功率、无功功率、电量等;

(3)微电网并网开关状态。

3.3.10　计量

微电网接入电网前,应明确计量点。计量点应设在微电网与外部电网的产权分界处。产权分界处按国家有关规定确定。

计量点应装设双向电能计量装置,其设备配置和技术要求应符合《电能计量装置技术管理规程》DL/T 448 的相关要求;电能表技术性能应符合《交流电测量设备特殊要求第 22 部分:静止式有功电能表(0.2 S 级和 0.5 S 级)》GB/T 17215.322 和《多功能电能表》DT/T 614 的相关要求;电能表应具备本地通信和通过电能信息采集终端远程通信的功能,电能表通信协议应符合《通信规约协议说明》DL/T 645 的相关规定。

3.4　配电自动化基本概念

本节根据 2014 年国家能源局发布的《配电自动化规划设计技术导则》(Q/GDW 11184—2014)编制。

1. 配电自动化

以一次网架和设备为基础,综合利用计算机技术、信息及通信等技术,实现对配电网的监测与控制,并通过与相关应用系统的信息集成,实现配电系统的科学管理。

2. 配电 SCADA

是指配电主站通过人机交互,实现配电网的运行监视和远方控制等最基本的功能,为配电网调度运行和生产指挥提供服务。

3. 配电自动化系统

实现配电网运行监视和控制的自动化系统,具备配电 SCADA、故障处理、分析应用及与相关应用系统互连等功能,主要由配电自动化系统主站、配电自动化系统子站(可选)、配电自动化终端和通信网络等部分组成。

4. 配电自动化系统主站

即配电网调度控制系统,简称配电主站,主要实现配电网数据采集与监控等基本功能和分析应用等扩展功能,为配网调度、配电生产及规划设计等方面服务。

5. 配电自动化系统子站

配电自动化系统子站(简称配电子站),是配电主站与配电终端的中间层,实现所辖范围内的信息汇集、处理、通信监视等功能。

6. 配电自动化终端

配电自动化终端(简称配电终端)是安装在配电网的各种远方监测、控制单元的总称,完成数据采集、控制、通信等功能。

7. 馈线自动化

利用自动化装置或系统,监视配电网的运行状况,及时发现配电网故障,进行故障定位,自动或半自动隔离故障区域,恢复对非故障区域的供电。

8. 二遥和三遥

二遥:遥信、遥测;

三遥:遥信、遥测、遥控。

9. 二遥的三种类型

(1)基本型二遥终端

用于采集或接收由故障指示器发出的线路故障信息,并具备故障报警信息上传功能的配电终端。

(2)标准型二遥终端

用于配电线路遥测、遥信及故障信息的监测,实现本地报警,并具备报警信息上传功能的配电终端。

(3)动作型二遥终端

用于配电线路遥测、遥信及故障信息的监测,并能实现就地故障自动隔离与动作信息主动上传的配电终端。

10. 馈线终端(FTU)

安装在配电网馈线回路的柱上等处的配电终端,按照功能分为"三遥"终端和"二遥"终端。

11. 站所终端(DTU)

安装在配电网馈线回路的开关站、配电室、环网柜、箱式变电站等处的配电终端,按照功能分为"三遥"终端和"二遥"终端。

12. 配变终端(TTU)

用于配电变压器的各种运行参数的监视、测量的配电终端。

13. 配电自动化覆盖率

配电自动化覆盖率=区域内配置终端的中压线路条数/区域内中压线路总条数×100%。

14. 配电自动化有效覆盖率

配电自动化有效覆盖率=区域内符合终端配置要求的中压线路条数/区域内中压线路总条数×100%。

15. 传输网

实现各类业务信息传送的网络,负责节点连接并提供任意两点之间信息的透明传输,由传输线路、传输设备组成。

16. 通信网组成

电力通信网由骨干通信网、10 kV 通信接入网组成,其中骨干通信网应包括省际骨干通信网、省级骨干通信网、地市骨干通信网三个层级。

110～35 kV 配电通信网属于骨干通信网,应采用光纤通信方式;中压配电通信接入网可灵活采用多种通信方式,满足海量终端数据传输的可靠性和实时性,以及配电网络多样性、数据资源高速同步等方面需求,支撑终端远程通信与业务应用。

17. 通信网第二汇聚点

公司各级通信网一般在总部、分部、省公司、地市公司进行业务汇聚,称为第一汇聚点。为提高通信网容灾能力,确保第一汇聚点失效时调度电话、调度数据等业务不受影响,应选择本级通信网的其他站点进行业务汇聚,称为第二汇聚点。

18. 通信网业务

通信网所承载业务分为生产控制类业务和管理信息类业务,两类业务的通道之间要求物理隔离。配电网业务系统主要包括地区级及以下电网调度控制系统、配电自动化系统、用电信息采集系统等。配电网各业务系统之间宜通过信息交互总线、企业中台、数据交互接口等方式,实现数据共享、流程贯通、服务交互和业务融合,满足配电网业务应用的灵活构建、快速迭代要求,并具备对其他业务系统的数据支撑和业务服务能力。

无线通信包括无线公网和无线专网方式。无线公网宜采用专线接入点(APN)/虚拟专用网络(VPN)、认证加密等接入方式;无线专网应采用国家无线电管理部门授权的无线频率进行组网,并采取双向鉴权认证、安全性激活等安全措施。

3.5 配电自动化建设

本节根据 2014 年国家能源局发布的《配电自动化规划设计技术导则》(Q/GDW 11184—2014)、2020 年国家电网发布的《配电网规划设计技术导则》(Q/GDW 10738—2020)编制。

3.5.1 总则

配电自动化建设应以一次网架和设备为基础,运用计算机、信息与通信等技术,实现对配电网的实时监视与运行控制,为配电管理系统提供实时数据支撑。通过快速故障处理,提高供电可靠性;通过优化运行方式,改善供电质量、提升电网运营效率和效益。

配电自动化系统主要由主站、配电终端和通信网络组成,通过采集中低压配电网设备运行实时、准实时数据,贯通高压配电网和低压配电网的电气连接拓扑,融合配电网相关系统业务信息,支撑配电网的调度运行、故障抢修、生产指挥、设备检修、规划设计等业务的精益化管理。

配电自动化建设应与配电网一次网架、设备相适应,在一次网架设备的基础上,根据供电可靠性需求合理配置配电自动化方案。

配电自动化主站应与一次、二次系统同步规划与设计,考虑未来 5～15 年的发展需求,确定主站建设规模和功能。

配电自动化应与继电保护、备自投、自动重合闸等协调配合。

3.5.2　规划设计原则

配电自动化规划设计应遵循经济实用、标准设计、差异区分、资源共享、规划建设同步的原则,并满足安全防护要求。

(1)经济实用原则。配电自动化规划设计应根据不同类型供电区域的供电可靠性需求,采取差异化技术策略,避免因配电自动化建设造成电网频繁改造,注重系统功能实用性,结合配网发展有序投资,充分体现配电自动化建设应用的投资效益。

(2)标准设计原则。配电自动化规划设计应遵循配电自动化技术标准体系,配电网一、二次设备应依据接口标准设计,配电自动化系统设计的图形、模型、流程等应遵循国标、行标、企标等相关技术标准。

(3)差异区分原则。根据城市规模、可靠性需求、配电网目标网架等情况,合理选择不同类型供电区域的故障处理模式、主站建设规模、配电终端配置方式、通信建设模式、数据采集节点及配电终端数量。

(4)资源共享原则。配电自动化规划设计应遵循数据源端唯一、信息全局共享的原则,利用现有的调度自动化系统、设备(资产)运维精益管理系统、电网GIS 平台、营销业务系统等相关系统,通过系统间的标准化信息交互,实现配电自动化系统网络接线图、电气拓扑模型和支持电网运行的静、动态数据共享。

(5)规划建设同步原则。配电网规划设计与建设改造应同步考虑配电自动化建设需求,配电终端、通信系统应与配电网实现同步规划、同步设计。对于新建电网,配电自动化规划区域内的一次设备选型应一步到位,避免因配电自动化实施带来的后续改造和更换。对于已建成电网,配电自动化规划区域内不适应配电自动化要求的,应在配电网一次网架设备规划中统筹考虑。

(6)安全防护要求。配电自动化系统建设应满足国家电力监管委员会第 5号令以及公司关于中低压配电网安全防护的相关规定,落实"安全分区、网络专用、横向隔离、纵向认证"总体要求,并对控制指令使用基于非对称密钥的单向认证加密技术进行安全防护。

3.5.3　故障处理

故障处理模式包括馈线自动化方式与故障监测方式两类,其中馈线自动化可采用集中式、智能分布式、就地型重合器式三类方式。

应根据配电自动化实施区域的供电可靠性需求、一次网架、配电设备等情况合理选择故障处理模式。A＋类供电区域宜采用集中式（全自动方式）或智能分布式；A、B类供电区域可采用集中式、智能分布式或就地型重合器式；C、D类供电区域可根据实际需求采用就地型重合器式或故障监测方式。

3.5.4 配电自动化建设

配电自动化系统宜采用"主站＋终端"的两层构架。若确需配置子站，应根据配电网结构、通信方式、终端数量等合理配置。

（1）主站建设原则

配电主站应根据配电网规模和应用需求进行差异化配置，依据 Q/GDW 625 规定的实时信息量测算方法确定主站规模。配电网实时信息量主要由配电终端信息采集量、EMS系统交互信息量和营销业务系统交互信息量等组成。

①配网实时信息量在 10 万点以下，宜建设小型主站。

②配网实时信息量在 10 万～50 万点，宜建设中型主站。

③配网实时信息量在 50 万点以上，宜建设大型主站。

配电主站是配电自动化系统的核心组成部分，配电主站应构建在标准、通用的软硬件基础平台上，具备可靠性、适用性、安全性和扩展性。

配电主站宜按照地配、县配一体化模式建设。对于配网实时信息量大于 10 万点的县公司，可在当地增加采集处理服务器；对于配网实时信息量大于 30 万点的县公司，可单独建设主站。

（2）主站功能

配电主站均应具备的基本功能包括：配电 SCADA；模型/图形管理；馈线自动化；拓扑分析（拓扑着色、负荷转供、停电分析等）；与调度自动化系统、GIS、PMS 等系统交互应用。

配电主站可具备的扩展功能包括：自动成图、操作票、状态估计、潮流计算、解合环分析、负荷预测、网络重构、安全运行分析、自愈控制、分布式电源接入控制应用、经济优化运行等配电网分析应用以及仿真培训功能。

（3）终端建设原则

应根据可靠性需求、网架结构和设备状况，合理选用配电终端类型。对关键性节点，如主干线联络开关、必要的分段开关、进出线较多的开关站、环网单元和配电室，宜配置"三遥"终端；对一般性节点，如分支开关、无联络的末端站室，宜配置"二遥"终端。配变终端宜与营销用电信息采集系统共用，通信信道宜独立建设。

（4）终端配置

网架中的关键性节点,如主干线联络开关、必要的分段开关,宜按照供电安全准则对非故障区域恢复供电的时间要求采用"三遥"配置;网架中的一般性节点,如分支开关、无联络的末端站室,宜采用"二遥"配置;对于线路较长、支线较多的线路,宜在适当位置安装远传型故障指示器,以缩小故障查找区间。具体通信方式见表 3-6。

表 3-6　　　　　　　　　　　　　配电终端通信方式

供电区域	通信方式
A+	光纤通信为主
A、B、C	根据配电终端的配置方式确定采用光纤、无线或载波通信
D、E	无线通信为主

（5）配电自动化的通信方式

配电自动化"三遥"终端宜采用光纤通信方式,"二遥"终端宜采用无线通信方式。在具有"三遥"终端且选用光纤通信方式的中压线路中,光缆经过的"二遥"终端宜选用光纤通信方式;在光缆无法敷设的区段,可采用电力线载波、无线通信方式进行补充。需注意的是,电力线载波不宜独立进行组网。

应根据实施配电自动化区域的具体情况选择合适的通信方式。A+类供电区域以光纤通信方式为主,A、B、C 类供电区域应根据配电终端的配置方式确定采用光纤、无线或载波通信方式,D、E 类供电区域以无线通信方式为主。

3.5.5　安全防护

在生产控制大区与管理信息大区之间应部署正、反向电力系统专用网络安全隔离装置进行电力系统专用网络安全隔离。

在管理信息大区Ⅲ、Ⅳ区之间应安装硬件防火墙实施安全隔离。硬件防火墙应符合公司安全防护规定,并通过相关测试认证。

配电自动化系统应支持基于非对称密钥技术的单向认证功能,主站下发的遥控命令应带有基于调度证书的数字签名,现场终端侧应能够鉴别主站的数字签名。

对于采用公网作为通信信道的前置机,与主站应采用正、反向网络安全隔离装置实现物理隔离。

具有控制要求的终端设备应配置软件安全模块,对来自主站系统的控制命令和参数设置指令应采取安全鉴别和数据完整性验证措施,以防范冒充主站对现场终端进行攻击,恶意操作电气设备。

3.6 通信建设

本节根据 2020 年国家电网发布的《电力通信网规划设计技术导则》(QG-DW 11358—2019)编制。

3.6.1 技术原则

(1)配电通信网技术原则

①110(66) kV 变电站和 B 类及以上供电区域的 35 kV 变电站应具备至少 2 条光缆路由,具备条件时采用环形或网状组网;

②中压配电通信接入网若需采用光纤通信方式的,应与一次网架同步建设。其中,工业以太网宜采用环形组网方式,以太网无源光网络(EPON)宜采用"手拉手"保护方式。

(2)骨干传输网的两个平面

骨干传输网分为 A、B 两个平面:A 平面采用 SDH 技术体制,主要满足电网生产实时控制业务的可靠传送需求;B 平面采用 OTN 技术体制,主要满足电网生产 IP 化数据业务及管理业务大带宽传送需求。

(3)调度交换网

调度交换网与行政交换网在原则上相互独立,行政交换网可兼作调度交换网的备用,调度交换网用户可呼叫行政交换网用户,但行政交换网不允许进入调度交换网。

(4)光传输设备配置

光传输平台带宽容量等级:SDH 主要包括 155 Mbit/s、622 Mbit/s、2.5 Gbit/s、10 Gbit/s;OTN 主要包括 8×10 Gbit/s、16×10 Gbit/s、40×10 Gbit/s、40×100 Gbit/s、80×100 Gbit/s 等。

(5)光缆配置

光缆以光纤复合架空地线(OPGW)、非金属自承式光缆(ADSS)和非金属阻燃光缆为主,光缆纤芯宜采用 ITU-TG.652 型。

具体光缆选型见表 3-7。

表 3-7　　　　　　　　　　　　光缆选型

电压等级	光缆主要敷设形式	光缆型号	纤芯型号
110 kV、66 kV 及以上	架空	OPGW 光缆	ITU-TG.652 型为主
35 kV		OPGW、ADSS 或 OPPC 光缆	
10 kV		ADSS 光缆	
各电压等级	沟(管)道或直埋	非金属阻燃光缆	

220 kV 及以上架空线路应架设 2 根 OPGW 光缆,一般情况下每根光缆纤芯数不少于 72 芯,220 kV 及以上电铁供电、用户、电厂送出等线路每根光缆纤芯数不宜超过 48 芯。110 kV 架空线路应至少架设 1 根 OPGW 光缆,每根光缆纤芯数不少于 48 芯;66 kV 架空线路应至少架设 1 根 OPGW 光缆,每根光缆纤芯数为 24~36 芯;35 kV 架空线路应至少架设 1 根 OPGW 或 ADSS 光缆,每根光缆纤芯数不少于 24 芯;10 kV 线路如需架设光缆,每根光缆纤芯数不少于 24 芯。

新(改、扩)建输电线路需要跨越铁路、高速公路、重要输电通道时,双地线线路跨越段应架设 2 根 OPGW 光缆,单地线线路应架设 1 根 OPGW 光缆,每根光缆纤芯数不少于 72 芯,不应架设 ADSS 光缆。

110 kV 及以上同塔多回线路光缆区段,同塔架设 2 根 OPGW 光缆;多级通信网共用光缆区段,以及入城光缆、过江大跨越光缆等,应适度增加光缆纤芯裕量。

110/66 kV 及以上变电站和 B 类及以上供电区域的 35 kV 变电站应具备至少 2 个光缆路由;110 kV 及以上电压等级变电站应具备 2 条及以上独立的光缆架设通道。对于一次线路是单路由的重要电厂和终端变电站应同塔架设 2 根光缆,架设形式可根据实际情况选用 OPGW、OPPC 或 ADSS。

地市及以上调度机构(含备调)所在地的入城光缆应不少于 3 个独立路由,且不能同一沟道同一竖井架设,光缆纤芯数不应少于 72 芯。

城区范围内沟(管)道光缆纤设时,优先选用电力管廊,不具备电力管廊的,可充分利用市政廊道、地铁等其他廊道资源纤设。

3.6.2　建设原则

(1)总体要求

配电通信网建设可选用光纤专网、无线公网、无线专网、电力线载波等多种通信方式,在规划设计过程中应结合配电自动化业务分类,综合考虑配电通信网实际业务需求、建设周期、投资成本、运行维护等因素,选择技术成熟、多厂商支持的通信技术和设备,保证通信网的安全性、可靠性、可扩展性。

(2)组网方式

有线组网宜采用光纤通信介质,以有源光网络或无源光网络方式组成网络。有源光网络优先采用工业以太网交换机,组网宜采用环形拓扑结构;无源光网络优先采用 EPON 系统,组网宜采用星形和链形拓扑结构。

无线组网可采用无线公网和无线专网方式。采用无线公网通信方式时,应采取专线 APN 或 VPN 访问控制、认证加密等安全措施;采用无线专网通信方式时,应采用国家无线电管理部门授权的无线频率进行组网,并采取双向鉴权认证、安全性激活等安全措施。

当配电通信网采用 EPON、GPON 或光以太网络等技术组网时,应使用独立纤芯或独立波长;当采用无线公网通信方式时,应接入安全区,并通过隔离装置与生产控制大区相连。

3.6.3 指标体系

通信网规划的指标体系包含覆盖率、带宽和可靠性三个主要维度。

3.7 智能化建设

本节根据 2021 年国家电网发布的《电网智能业务终端接入规范》(Q/GDW 12147—2021)编制。

3.7.1 基本要求

配电网智能化采用信息、通信、控制技术的方式,支撑配电网全面感知、自动控制、智能应用,满足电网运行、客户服务、企业运营、新兴业务四个方面的需求。配电网智能化主要包括配电网感知终端、通信网、业务系统。

配电网智能化应遵循标准化设计原则。应采用标准化信息模型与接口规范,落实公司信息化统一架构设计、安全防护总体要求。

配电智能化应采用差异化建设策略。应根据不同类型供电区域的供电可靠性和供电安全准则、负荷电源发展需求,结合一次网架发展有序投资。

配电智能化应遵循统筹协调规划原则。配电终端、通信网应与配电一次网架同步规划、同步设计。对于新建电网,一次设备选型应一步到位,在配电线路建设时应一并考虑光缆资源需求,避免因配电智能化实施带来的后续频繁改造和更换;对于已建成电网,不适应配电智能化要求的,应在配电网一次网架规划中统筹考虑。

配电网智能化应遵循先进适用原则。应优先选用可靠、成熟的智能化技术。

对于新技术和新设备,应充分考虑效率效益,可在小范围内试点应用后,经技术经济比较论证后确定推广应用范围。

配电网智能化应贯彻全寿命周期理念。落实企业级共建共享共用原则,与云平台统筹规划建设,并充分利用现有设备和设施,防止重复投资。

配电网智能终端应以状态感知、即插即用、资源共享、安全可靠、智能高效为发展方向,统一终端标准,支持数据源端唯一、边缘处理。

配电网智能终端应按照差异化原则逐步覆盖配电站室、配电线路、分布式电源及电动汽车充电桩等配用电设备,采集配电网设备运行状态、电能计量、环境监测等各类数据。

3.7.2　安全要求

电网智能业务终端南北向数据通信宜采用国家密码部门认可的加密算法进行加密传输。

安全监测基本原则:

(1)拥有操作系统的电网智能业务终端,应具备安全监测、审计和分析功能,安全监测数据上送至物联管理平台进行统一分析处理;

(2)无操作系统的低功耗电网智能业务终端,宜在平台层或感知层对智能业务终端的北向流量进行安全监测,安全监测数据上送至物联管理平台进行统一分析处理。

访问控制基本原则:

(1)非移动式的电网智能业务终端、涉敏涉控的移动式电网智能业务终端,应对 IP 地址、物理地址、端口等进行南北向访问控制,可对其南向接口数据格式和协议进行过滤和准入;

(2)非涉敏涉控的移动式电网智能业务终端,应对物理地址、端口等进行南北向访问控制,可对其南向接口数据格式和协议进行过滤和准入。

位于生产控制大区的配电业务系统与其终端的纵向连接中使用无线通信网、非电力调度数据网的电力企业其他数据网,或者外部公用数据网的虚拟专用网络方式(VPN)等进行通信的,应设立安全接入区。

第4章
前期工作管理及可行性研究深度要求

4.1 10 kV 及以下电网工程可行性研究

本节根据《10 千伏及以下电网工程可行性研究内容深度规定》编制。

4.1.1 术语和定义

(1)单位投资增供电量

该项工程单位投资产生的增供电量值:

$$EC = \Delta EC$$

式中 EC——单位投资增供电量,kW·h/万元;

ΔE——工程影响的电网增供电量,kW·h;

C——工程投资总额,万元。

(2)单位投资停电时间降低值

该项工程单位投资产生的户均停电时间降低值:

$$Tc = \Delta T/C$$

式中 Tc——单位投资停电时间降低值,h/万元;

ΔT——工程影响的电网户均停电时间降低值,h;

C——工程投资总额,万元。

(3)单位投资网损降低值

该项工程单位投资产生的网损降低值：

$$W_c = \Delta W / C$$

式中　W_c——单位投资网损降低值，kW/万元；

　　　ΔW——工程影响的电网网损降低值，kW；

　　　C——工程投资总额，万元。

（4）增供电量效益

由于供电能力提升而带来的供电量增加的效益（单位：万元）。

（5）可靠性效益

由于设备水平提升、网架结构完善使得用户停电损失减小而带来的效益（单位：万元）。

（6）降损效益

由于设备水平提升、网架结构完善而带来的网损降低的效益（单位：万元）。

4.1.2　一般规定

工程技术方案应在电网规划的基础上，重点对工程建设的必要性、可行性进行充分论证，确保工程方案技术、经济的合理性。

根据建设必要性，将 10 kV 及以下电网工程分为十二类：满足新增负荷供电需求工程；加强网架结构工程；变电站配套送出工程；解决"卡脖子"工程；解决低电压工程；解决设备重（过）载工程；消除设备安全隐患工程；改造高损配变工程；无电地区供电工程；分布式电源接入工程；电动汽车充换电设施接入工程；其他。

具备下列条件之一的单项工程应要求编写可行性研究报告书：A＋、A、B 类供电区域 10 kV 线路工程；C、D 类供电区域 10 kV 主干线路工程；单独建设的开关站、纳入环网的配电室等重要配电设备工程；工程总投资额为 100 万元及以上的单项工程。

工程方案制订应包括配电设备的无功补偿方案；配电设备的选择应具有较强的适应性和可扩展功能，适应智能配电网的发展要求。

对于特殊地区（段）、具有高危或重要用户的线路或重要联络线路，可实行差异化设计，提高配电网防灾、抗灾能力。

运用全寿命理念指导配电设备（施）改造，在设备改造前应进行论证，并提供运维检修部门出具的设备评估报告。评估报告应满足以下要求：说明运行年限、型号或形式，并对与电网现状不匹配或近三年运行中发生故障、给安全运行带来影响等情况进行分析；进行立即更换、大修和暂缓更换三种方案的论证，并给出明确结论；根据评估结果，对仍有再利用价值的配电设备（施），提出再利用方案及建议。配电设施用地及线路路径宜获得市政规划部门或土地权属单位的书面确认。

4.1.3 可行性研究报告书内容及深度要求

（1）编制依据

应给出工程的任务依据及相关的技术依据，任务依据应包括与委托方签订的工程设计咨询合同、委托函或中标通知书等，技术依据应包括与工程相关的技术、规范、导则等。

（2）工程概述

应简述工程立项背景、工程规模、工程方案等，明确工程所属类别及工程所属供电分区类别。应界定给出工程影响的电网范围，简要说明该电网范围的基本信息，如包含的中压馈线条数、设备规模、占地面积等。

（3）设计水平年

应根据电网规划合理选定工程设计水平年及远景水平年。

（4）工程概述

工程概述，设计水平年，主要设计原则，典型供电模式、典型设计、标准物料、通用造价的应用情况。

（5）电网现状分析及存在的问题

应分析电网网架情况，包括接线模式，供配电设备、设施配置的供电能力，最大允许电流等内容。应分析电网设备情况，包括设备投运日期、型号、规模、健康水平等内容。应分析电网运行情况，包括供电线路（台区）最大负荷、负荷率、最大电流、安全电流等内容。应结合工程建设目的，协调地方规划建设、用电负荷发展提出电网外部建设环境可能存在的主要问题。

（6）负荷预测

宜采用空间负荷预测法、自然增长率法等方法，结合大用户报装情况，给出工程影响的电网负荷预测结果。

（7）工程方案

应详述工程拟采取的方案，并通过必要的附图进行说明。若存在备选方案，应详述各备选方面。线路改造工程应明确线路改造期间负荷切改及转供方案，并说明工程涉及的分支线路切改、设备新建或更换的情况。

（8）电气计算

宜进行潮流计算、短路电流计算、供电安全水平校验等电气计算。新建变电站配套送出、加强网络结构、分布式电源接入工程宜进行典型方式的潮流计算，校核各线路、设备负载率和节点电压是否越限，特别是倒供负荷方式下的潮流计算;新建变电站配套送出、分布式电源接入工程,计算 10 kV 侧短路电流,校核开关设备遮断容量;按照 Q/GDW 1738 的要求,对 10 kV 线路供电安全水平进行校验;按照 Q/GDW 1738 的要求,对 10 kV 线路供电可靠性进行计算。

(9)技术经济比较

宜从技术可行性、经济可行性两个方面论证并优选工程方案。计算备选方案实施前后的关键技术指标,并对指标进行对比分析,重点分析各方案满足建设目标的程度;在技术可行的前提下,采用最小费用法论证经济可行性,特别适用于涉及站址选择、路径选择、设备选型的方案比选。

(10)电力系统二次-配电自动化

应结合工程所在区域的电力专项规划,对拟实施配电自动化建设、改造区域进行论述。应明确工程所属供电分区类别、配电自动化现状及规划情况。应说明区域配电自动化建设模式与标准。应提出工程所涉及的配电设备信息采集形式、相关材料量。

(11)通信建设方案及通信方式

制订本工程系统通信建设方案,包括通信方式、组网方案、通信通道建设方案、建设方案等。结合配电自动化实施区域的具体情况选择合适的通信方式,满足配电自动化、用电信息采集系统、分布式电源、电动汽车充换电设施及储能装置站点的通信需求。应说明随工程实施的通信光缆线路的路由选择情况及建设方式,描述通信线路路径方案、光缆选择,包括线路敷设方式(排管、架空、直埋等)、线路走向、穿越行政区域,重要交叉跨越等,确定通信线路总长度、光缆型号及芯数等。

(12)站址方案

站址方案应采用文字及示意图的形式描述本工程的站址方案,并从环境要求、出线条件等方面进一步明确本站址的建设规模和线路的接口要求等。站址地质及水文说明一般应包括海拔高度、污秽等级、环境温度等必要的内容。

(13)电气一次

电气主接线选择应说明电气主接线型式。配电变压器绕组接线方式应说明配电变压器绕组接线方式和 0.4 kV 中性点接地方式。主要电气设备、导体选型:应说明配电站(开关站)主要电气设备及参数,如配电变压器(额定电压、额定容量、台数、接线组别、绕组类型、阻抗电压等)、各电压等级开关柜、负荷开关、断路器(额定电流、短路电流等);应说明配电站(开关站)主要电气设备间连接导体的材质、规格及型号。电气总平面布置应说明出线走廊、排列顺序、全站电气总平面布置方案,简述各级电压配电装置形式选择。防雷、接地应说明采用过电压保护的方式,提出接地电阻要求。其他要求应满足如下要求:说明站用电交直流供电方式、布置及接线方式；说明正常、事故照明设计原则；说明电缆敷设及防火设计原则。

(14)电气二次

二次设备布置应说明布置原则及形式，给出布置方案。直流系统选型应说明直流系统设备选型。元件保护应说明保护装置的选用及配置方式。

(15)土建

结合典型设计方案，应说明本工程站址的地质条件、主要建(构)筑物的名称及总建筑面积、建(构)筑物结构形式、地基处理方案、消防和通风方案，以及进出线通道的预留情况。

(16)路径选择

应采用文字及示意图的形式说明本工程的站址方案，从交通条件、地形地势、气象条件等必要的方面说明路径方案的优势。对于架空线路，应说明线路路径起止位置、路径概况、拆迁、交叉跨越、杆塔、杆塔基础等情况。对于电缆线路，应论证电缆通道建设的必要性、可行性，电缆管沟建设与利用情况，过路管道预埋情况，所在道路及其性质(新建、改建、扩建和原有)等内容。局部采用电缆的路段应说明必要性及采用路段、敷设方式。应根据选定的线路路径及敷设方式说明线路走廊清理情况。对于改造线路，应分别按沿原路径和沿新选路径两种改造情况进行论证，并提供原线路和新建线路路径图。

(17)10 kV 架空线路方案

导线选型宜根据综合饱和负荷状况、线路全寿命周期一次选定主干线截面。杆塔形式应根据工程沿途气象条件和地形情况优先选用典型设计明确选用方案类型，说明各种类型杆塔和基础规划使用数量。若不能采用典型设计的杆塔形式应说明原因。绝缘配合、防雷与接地应根据各地区污区分布图，确定污区等级及泄漏比距，并制订绝缘子、金具的配置方案；应提出线路及设备防雷、接地措施。

(18)0.4 kV 架空线路方案

杆塔导线选择应按照通用设计、台区供电范围、饱和负荷需求，一次选定导线截面，并说明导线选择型号及规格、杆塔型号和数量。设备选择应说明低压设备的选择情况。绝缘配合、防雷与接地应根据导线型号明确绝缘子、金具配置方案；应明确设备防雷、接地措施。

(19)10 kV 电缆线路方案

电缆选型宜根据综合饱和负荷状况、线路全寿命周期一次选定主干线截面，对于架空、电缆混合线路应分析两者的匹配情况。开关设施布置应说明开关站、环网柜、分支箱的数量，说明安装位置和功能定位(分段、联络)，各类开关设施应说明主要技术参数及设备基础,如接线方式、开关柜数量等。电缆通道应结合市政电力专项规划,根据电缆路径方案,说明电缆敷设方式,新建、改建电缆通道的起止点、长度、结构形式,电缆井的结构形式及数量,电缆终端、支架数量及材质等;根据工程规模,说明电缆沟道防水、排水及隧道防火、通风设计方案。对于电缆管沟及电缆排管,应说明现状使用、预留及过路管预埋情况;对于电缆直埋敷设,应说明直埋敷设的具体方案。

(20)0.4 kV 电缆线路方案

电缆选型应结合线路、网架结构及负荷发展需求确定本工程的各段电缆规格及长度等。设备选择应说明低压设备的选择。

(21)主要工程量

应说明本工程建设规模,统计本工程主要新建及拆除工程量,包括架空、电缆规格及长度,环网柜、开关数量,变压器容量、开关柜、电缆分接箱数量等,并提供主要设备材料清册。

(22)投资估算内容

一般应包括编制说明、总估算表(表一)、各专业汇总估算表(表二),建筑、安装单位工程估算表(表三),以及必要的附表、附件。必要时,还应包含不同站址(线路路径)方案的投资对比表。投资估算编制说明在内容上要全面、准确、有针对性,文字描述要具体、确切、简练、规范。一般应包括工程概况、工程设计依据、编制原则及依据、工程投资情况、造价水平分析、其他需要说明的重大问题。宜与通用造价进行比较,分别从建筑工程费、设备购置费、安装工程费、其他费用等方面分析差异产生的具体原因,说明造价的合理性。

(23)技术指标分析

对批次工程和重要的单项工程,应与工程建设目的、解决的主要问题相呼应,从技术指标方面分析工程投资效果,计算给出关键指标,作为工程储备库优选排序的参考依据。对于批次工程,应填写《××批次工程实施前后指标对比表》。

(24)投资效益分析

对批次工程和重要的单项工程,应从投资效益方面分析工程投资效果,并计算给出关键指标,作为工程储备库优选排序的参考依据。投资效益分析宜采用定性分析与定量分析相结合的方式。投资效益分析应考虑全寿命周期因素,原则上可计算增供电量效益、可靠性效益、降损效益、投资四类关键指标,增供电量效益类指标宜包括增供电量效益、单位投资增供电量效益;可靠性效益类指标宜包括停电时间降低值、单位投资停电时间降低值;降损效益类指标宜包括网损降低值、单位投资网损降低值;投资类指标应包括总投资、单位容量投资等。

(25)满足新增负荷供电要求工程重点要求

应重点论证工程建设必要性,制订具体方案,宜侧重投资效果分析。在论证工程建设必要性时,内容及深度应达到如下要求:结合市政控制性详细规划、总体规划或修建性详细规划,简述新增负荷情况、区域名称、区域位置等内容;说明新增负荷周边电网现状情况,如馈线名称、馈线负载率、馈线装接容量、馈线容量裕度等,重点分析电网容量裕度情况;依据近期新增负荷报装情况预测近、中期负荷,宜结合地块的控制性详细规划、总体规划或修建性详细规划预测新增负荷所在地块的饱和负荷。在制订方案时,宜根据用户报装容量及用户的地理位置采用负荷矩平衡等方法选择站址及路径。在分析投资效果时,宜重点分析投资效益,计算工程增供电量效益类指标。

(26)加强网架结构工程重点要求

应重点论证工程建设必要性,制订具体方案,宜侧重投资效果分析。该工程影响的电网范围为新建馈线及网架结构有变动的所有馈线组合。在论证工程建设必要性时,内容及深度应达到如下要求:从供电可靠性角度论证工程建设的必要性;分析线路运行情况,如分析线路负荷、线路负载率等指标;重点分析现有运行方式下存在的隐患,必要时提出改进网架的多种方案,并逐一进行经济技术比选。在制订方案时,应重点说明网架改造、线路切改及再利用的具体方案。在分析投资效果时,内容及深度应达到如下要求:在分析技术指标时,宜给出工程实施前后电网可转供率、平均供电半径、线路负载率等指标,对比分析工程实施效果;在分析投资效益时,宜计算给出可靠性效益类指标。

(27)变电站配套送出工程重点要求

应重点论证工程建设必要性、制订具体方案,宜侧重投资效果分析。在论证工程建设必要性时,内容及深度应达到如下要求:说明新建输变电工程基本情况,如变电站名称、本期规模、终期规模、线路名称、系统接入方案等;分析说明供电范围的调整变化情况及配套的通道建设情况。在分析投资效果时,内容及深度宜达到如下要求:从变电站馈出线路的整体建设效果上,论证配套工程的投资效果;在分析技术指标时,给出工程实施前后影响电网范围的可转供率、平均供电半径、平均用户数、平均分段数等指标,对比分析体现工程实施效果;在分析投资效益时,分析计算增供电量效益类指标、可靠性效益类指标、降损效益类指标。

(28)解决"卡脖子"工程重点要求

应重点论证方案必要性,宜侧重投资效果分析。在论证工程建设必要性时,内容及深度应达到如下要求:从供电能力角度,论证工程建设必要性;说明线路主干线基本情况,如型号、安全电流、输送容量、投运日期等;结合现状最大负荷、近期报装等情况计算现状及近期线路负载率、电压降等指标,并分析说明线路"卡脖子"的原因。在分析投资效果时,宜重点给出工程实施前后影响电网的线路负载率、线路电压降指标,对比分析工程实施效果。

(29)解决"低电压"工程重点要求

应重点论证工程建设必要性,制订具体方案。在论证工程建设必要性时,内容及深度应达到如下要求:结合市政控制性详细规划、总体规划或修建性详细规划,简述新增负荷情况、区域名称、区域位置等内容;说明新增负荷周边电网现状情况,如馈线名称、馈线负载率、馈线装接容量、馈线容量裕度等,重点分析电网容量裕度情况;依据近期新增负荷报装情况预测近、中期负荷,宜结合地块的控制性详细规划、总体规划或修建性详细规划预测新增负荷所在地块的饱和负荷。在制订方案时,宜根据用户报装容量及用户的地理位置采用负荷矩平衡等方法选择站址及路径。在分析投资效果时,宜重点分析投资效益,计算工程增供电量效益类指标。

(30)解决设备重(过)载工程重点要求

应重点论证工程建设必要性,制订具体方案,宜侧重投资效果分析。该工程影响的电网范围应涉及负荷转切、分流及网架结构有变动的所有馈线的组合。在论证工程建设必要性时,内容及深度应达到如下要求:从运行安全性、提升供电能力角度论证工程建设必要性;说明线路、配变基本情况,如型号、容量、供电半径、投运日期等;说明线路、配变供电负荷的基本情况,如负荷规模、负荷性质等;说明线路最低电压情况;分析电网运行情况,如计算分析正常运行方式下现状最大负荷及近中期负荷的元件负载率、电压降等指标情况;对于线路分流工程,说明工程建设前后负荷的分配情况。在分析投资效果时,内容及深度宜达到如下要求:在分析技术指标时,给出工程实施前后影响电网范围的线路、变配电设施负载率,对比分析工程实施效果;在分析投资效益时,计算可靠性效益类指标及降损效益类指标。

(31)消除设备安全隐患工程重点要求

应重点论证工程建设必要性及方案可行性。在论证工程建设必要性时,内容及深度应达到如下要求:从供电安全性角度论证工程建设必要性;根据电网规划论证设施保留的必要性;对设备健康状况进行评估,编写设备评估报告,明确设备存在的主要安全隐患。应从设备选型上论证方案可行性,即从全寿命周期成本角度,兼顾运维成本及初始投资成本,综合选择最优方案。在分析投资效果时,宜计算可靠性效益类指标。

(32)改造高损配变工程重点要求

应重点分析工程投资效果,计算降损效益类指标。

(33)无电地区供电工程重点要求

应重点论证工程方案技术可行性。制订具体方案,宜侧重社会效益分析。宜通过适当的电气计算论证工程方案的可行性,如计算线路电压降、网损等指标。制订变配电设施及线路方案时,应重点提出防雷措施。在分析投资效果时,宜通过供电用户数及供电人口的增加值体现建设成效,无须进行投资效益分析计算。

(34)分布式电源接入工程重点要求

应重点论证工程方案技术可行性,制订具体方案,宜侧重社会效益分析。应从电能质量检测、防孤岛效应、保护配合、通信与自动化系统融合等方面来论证方案可行性。在分析投资效果时,宜采取定量与定性相结合的方法。定量上,宜预测给出分布式电源年发电量、年可利用小时数;定性上,宜从改善能源结构、缓解环境保护压力等方面说明用户接入的社会效益。

(35)电动汽车充换电设施接入工程重点要求

工程方案应重点论证电动汽车充换电设施接入电网的电压等级、接入点,以及工程可行性。应从电动汽车充换电设施接入对电网的影响上论证方案的可行性,重点从供电能力、电网运行、电能质量、无功补偿四方面进行论证。在供电能力、电网运行论证中,重点分析在电动汽车集中充电或负荷高峰时段充电情况下线路(配电变压器)负载率、电压偏差是否满足相关标准要求。在电能质量论证中,重点论证注入公用网的谐波电压、谐波电流、公共连接点负序电压不平衡度等指标是否满足相关标准要求。在无功补偿论证中,重点分析充换电设施接入电网的功率因数,应满足 Q/GDW 11178 的要求,不能满足的应安装就地无功补偿装置。

4.1.4 可行性研究报告表内容及深度要求

可行性研究报告表主要内容包括:工程名称、建设必要性、工程方案、主要工程量、投资估算、投资成效、附图等内容。

在《国网×××供电公司 10 kV 电网线路工程可行性研究报告表》《国网××供电公司 10 kV 配电台区工程可行性研究报告表》《国网×××供电公司 0.4 kV 电网线路工程可行性研究报告表》中,工程名称、工程建设必要性、工程方案、主要工程量、投资估算为必填内容。

编制可行性研究报告表的单项工程应附必要的图纸及协议,主要包括:新建线路路径图;改造线路实施前后的地理接线图/单线图;必要的站址及路径协议。

4.1.5　可行性研究报告附件

（1）提供图纸要求

现状电网地理接线图及单线图；工程实施后地理接线图及单线图；站址地理位置及线路进出线规划图；线路路径图；电气主接线图；电气总平面布置图；电缆通道布置图；通信系统示意图；土建图；其他附图。

（2）图纸深度要求

①配电工程站址地理位置及线路进出线规划图

选择合适的比例，重点标示本站所处的地理位置及出线走廊，并标示与本工程设计方案有关的开关设施、配电站和线路等。

②线路路径方案图

路径方案图宜以电子地图为背景进行绘制，宜在 1∶2 000～1∶10 000 地形图上标示路径，重点应注明原有、新建及改造线路的走向，杆塔主要转角位置以及导线型号。对于有联络的中压线路、路径方案图应能清晰反映线路间的联络节点及联络关系。

③电气主接线图

应标示本、远期电气接线，对本工程及预留扩建加以区别；

④电气总平面布置图

应标示主要建（构）筑物，各级电压配电装置及主要电气设备等。

（3）附表内容要求

工程项目信息表，应包括工程规模等内容。

主要设备材料清册表，包括所有应招标设备材料的名称、型号（或技术功能说明）、规格、数量等内容。

（4）支持性文件内容要求

工程设计委托书。

宜视工程具体情况落实必要的站址及路径协议。

设备评估报告。

4.2　220 kV 及 110（66）kV 输变电工程可行性研究

本节根据《220 千伏及 110（66）千伏输变电工程可行性研究内容深度规定》编制。

4.2.1 总的要求

可行性研究包含电力系统一次、电力系统二次、变电站站址选择及工程设想、输电线路路径选择及工程设想、节能分析、社会稳定分析、防灾减灾措施分析、环境保护和水土保持、投资估算及经济评价等内容。

可行性研究报告应满足以下要求:

(1)在电网规划的基础上,应对工程的必要性、系统方案及投产年进行充分的论证分析,提出项目接入系统方案、远期规模和本期规模。

(2)提出影响工程规模、技术方案和投资估算的重要参数要求。

(3)提出二次系统的总体方案。

(4)新建工程应有两个及以上可行的站址方案,开展必要的调查、收资、现场踏勘、勘测和试验工作,进行全面技术经济比较并提出推荐意见。对因地方规划等条件限制的唯一站址方案,应在报告中专门说明并附地方规划书面意见或相关书面证明。

(5)新建线路应有两个及以上可行的路径方案,开展必要的调查、收资、勘测和试验工作,进行全面技术经济比较并提出推荐意见。对因地方规划等条件限制的唯一路径方案,应在报告中专门说明并附地方规划书面意见或相关书面证明。大跨越工程还应结合一般段线路路径方案进行综合技术经济比较。

(6)改造、扩建工程应包括切改停电方案编制及相应措施费用。

(7)投资估算应满足控制工程投资要求,并与通用造价或限额指标进行对比分析。

(8)财务评价采用的原始数据应客观真实,测算的指标应合理可信。

(9)应取得县(区)级及以上的规划、国土等方面协议。视工程具体情况落实文物、矿业、军事、环保、交通航运、水利、海事、林业(畜牧)、通信、电力、油气管道、旅游、地震等主管部门的相关协议。

(10)设计方案应符合国家环境保护和水土保持的相关法律法规要求。选择的站址、路径涉及自然保护区、世界文化和自然遗产地、风景名胜区、饮用水水源保护区、生态保护红线等生态敏感区时,应取得相应主管部门的协议文件。

4.2.2 工程概述

可行性研究报告的主要设计依据应包括以下内容:

(1)说明工作任务的依据,即经批准或上报的前期工作审查文件或指导性文件;

(2)与本工程有关的其他重要文件;

(3)与委托方签订的设计咨询合同、委托函或者中标通知书。

工程概况应包含以下内容：

(1)简述工程概况、电网规划情况及前期工作情况。对扩建、改造工程,应简述先期工程情况；说明变电站在电网中的地位和作用；说明变电站地理位置,变电站进出线位置、方向、与已建和拟建线路的相互关系；说明变电站本期、远期工程规模。

(2)简述近期电力网络结构,明确与本工程相连的线路起讫点及中间点的位置、输电容量、电压等级、回路数、线路长度、导线截面及是否需要预留其他线路通道等；说明线路所经过地区的行政区划。根据电网规划合理选定工程设计水平年及远景水平年。远景水平年用于校核分析,220 kV 宜取设计水平年后 10～15 年的某一年；110(66) kV 宜取设计水平年后 5～10 年的某一年。

主要设计原则及边界条件的内容应包括：

(1)根据电力发展规划的要求,结合工程建设条件等提出本项目的设计特点和相应的措施；

(2)新技术采用情况分析；

(3)简述各专业的主要设计原则和设计指导思想。

4.2.3　电力系统一次

(1)系统现况

应概述与本工程有关电网的区域范围；全社会、全网(或统调)口径的发电设备总规模、电源结构、发电量；全社会、全网(或统调)口径用电量、最高负荷及负荷特性；电网输变电设备总规模；与周边电网的送受电情况；供需形势；网架结构、与周边电网的联系及其主要特点。

应说明本工程所在地区同一电压等级电网的变电容量、下网负荷,所接入的发电容量,本电压等级的容载比；电网运行方式,电网存在的主要问题；主要在建发输变电工程的容量、投产进度等情况。

(2)负荷预测

应介绍与本工程有关的电力(或电网)发展规划的负荷预测结果,根据目前经济发展形势、用电增长情况以及储能设施的接入情况,提出与本工程有关电网规划水平年的全社会、全网(或统调)负荷预测水平,包括相关地区(供电区或行政区)过去 5 年及规划期内逐年(或水平年)的电量及电力负荷,分析提出与本工程有关电网设计水平年及远景水平年的负荷特性。

(3)电源建设安排及电力电量平衡

应说明与本工程有关电网设计水平年内和远景规划期内的装机安排,列出规划期内电源名称、装机规模、装机进度和机组退役计划表。计算与项目有关地区的逐年电力、电量平衡,若本工程为大规模新能源送出工程,必要时需对新能源不同出力情况(冬、夏)进行电力电量平衡计算以及相关电网的调峰能力分析。确定与工程有关的各供电区间电力流向及同一供电区内各电压等级间交换的电力。

(4)电网规划

应说明与本工程有关的电网规划。

(5)工程建设必要性

根据与本工程有关的电网规划及电力平衡结果、关键断面输电能力、电网结构说明,分析当前电网存在的问题、本工程(含电网新技术应用)建设的必要性、节能降耗的效益及其在电力系统中的地位和作用,说明本工程的合理投产时机。

(6)系统方案

根据现状网络特点、电网发展规划、负荷预测、断面输电能力、先进适用新技术应用的可能性等情况,提出本工程两个及以上系统方案,进行多方案比选并提出推荐方案。确定变电站本、远期规模,包括主变规模、各电压等级出线回路数和连接点的选择,主变中性点接地方式的论述及建议。必要时应包含与本工程有关的上下级电压等级的电网研究。

(7)潮流稳定计算

根据电力系统有关规定,进行正常运行方式、故障及严重故障的潮流稳定计算分析,校核推荐方案的潮流稳定和网络结构的合理性,必要时进行安全稳定专题计算。若本工程为大规模新能源送出工程,需对新能源不同出力情况进行电气校验。电气计算结果可为选择送电线路导线截面和变电设备的参数提供依据。

(8)短路电流计算

短路电流计算应考虑以下内容:按设备投运后远景水平年计算与本工程有关的各主要站点最大三相和单相短路电流,对短路电流问题突出的电网、工程投产前后系统的短路电流水平进行分析以确定合理方案,选择新增断路器的遮断容量,校核已有断路器的适应性;系统短路电流应控制在合理范围。若系统短路电流水平过大应优先采取改变电网结构的措施,并针对新的电网结构进行潮流、稳定等电气计算。必要时开展限制短路电流措施专题研究,提出限制短路电流的措施和要求。

(9)无功补偿及系统电压计算

对设计水平年推荐方案进行无功平衡计算,研究大、小负荷运行方式下的无功平衡,确定无功补偿设备的型式、容量及安装地点,选择变压器的调压方式。

当电缆出线较多时,应计算电缆出线的充电功率。必要时应增加如下计算:无功电压专题分析;如需加装动态无功补偿装置,应对加装的必要性进行论述,并进行必要的电气计算和论证;开展过电压计算。

(10)电气主接线

应结合变电站接入系统方案及分期建设情况,提出系统对变电站电气主接线的要求。如系统对电气主接线有特殊要求时,需对其必要性进行论证,必要时进行相关计算。

(11)主变压器选择

根据分层分区电力平衡结果,结合系统潮流、工程供电范围内负荷及负荷增长情况、电源接入情况和周边电网发展情况,合理确定本工程变压器单台容量、变比、本期建设的台数和终期建设的台数。

(12)线路形式及导线截面选择

根据正常运行方式和事故运行方式下的最大输送容量并结合电网发展情况,对线路形式、导线截面以及线路架设方式提出要求,必要时应对不同导线型式及截面、网损等进行技术经济比较。

(13)主变参数

结合潮流、短路电流、无功补偿及系统电压计算,确定变压的额定主抽头、阻抗、调压方式等。扩建主变若与前期主变并列运行,参数应满足主变并列运行条件。

(14)其他参数要求

应提出变电站高、中压母线侧短路电流水平;必要时应结合系统要求,对变电站母线通流容量、电气设备额定电流提出初步要求。

(15)无功补偿容量

按变电站规划规模和本期规模,根据分层分区无功平衡结果,结合调相调压及短路电流计算,分别计算提出远期和本期低压无功补偿装置容量需求,并确定分组数量、分组容量。

4.2.4　电力系统二次

(1)一次系统概况

应简单描述一次系统的概况、特点和稳定计算等结论。

(2)现状和存在的问题

应说明与本工程有关的系统继电保护现状,涵盖配置、通道使用情况、运行动作情况等内容,并对存在的问题进行分析,包括本工程的接入对周边系统继电保护的影响以及周边系统可能对本工程继电保护的影响。

(3)系统继电保护及安全自动装置配置方案

分析一次系统对继电保护配置的特殊要求,论述系统继电保护配置原则。提出与本工程相关线路保护、母线保护、母联(分段)保护、自动重合闸、备用电源自动投入装置、故障录波器及专用故障测距等的配置方案。对于线路改接(或π接),应提出相应的保护设备配置(改造)和保护通道的调整方案。对于母线保护、故障录波器配置应考虑远景规划需求,按终期规模配置。

(4)保护及故障信息管理系统子站

应简要描述与本工程相关的电网保护及故障信息管理系统配置情况。

(5)对通信通道的技术要求

提出保护通信通道的技术要求,包括传输时延、带宽、接口方式等。

(6)对相关专业的技术要求

提出系统保护与站内监控系统等接口方案和技术要求;提出对电流互感器、电压互感器、直流电源、保护光电转换接口装置等技术要求。

(7)安全稳定控制装置

必要时,以一次系统的潮流、稳定计算为基础,进行相应的补充校核计算,对系统进行稳定分析,提出是否需配置安全稳定控制装置。如需配置安全稳定控制装置应提出与本工程相关的初步配置要求及投资估算。确定本工程是否需要进一步开展安全稳定控制系统专题研究。

(8)现状及存在的问题

概述与本工程相关的调度端能量管理系统、调度数据网络等的现状及存在问题。

(9)远动系统

根据调度关系及远动信息采集需求,提出远动系统(含同步相量测量装置)配置方案,明确技术要求及远动信息采集和传输要求。

(10)相关调度端系统

结合本工程建设需求,提出相关调度端改造完善建设方案和投资估算。

(11)电能计量装置及电能量远方终端配置

根据各相关电网电能量计量(费)建设要求,提出本工程计费、考核关口计量点设置原则,明确关口表和电能量采集处理终端配置方案,提出电能量信息传送及通道配置要求。

提出电能量采集处理终端、关口表、非关口表的配置方案,明确表计采样方式,提出各关口点的电流互感器、电压互感器精度要求。

(12)调度数据通信网络接入设备

根据相关调度端调度数据通信网络总体方案要求,分析本工程在网络中的作用和地位,提出本工程调度数据通信网络接入设备配置要求、网络接入方案和通道配置要求。

(13)二次系统安全防护

根据相关调度端变电站二次系统安全防护总体要求,分析本工程各应用系统与网络信息交换、信息传输和安全隔离要求,提出二次系统安全防护设备和软件配置方案。

(14)系统通信方案

根据需求分析,提出本工程系统通信建设方案,包括光缆建设方案、光通信电路建设方案、组网方案等。对于 220 kV 变电站,应提出光缆双沟道建设方案。在设计时,宜提出两个可行方案,并进行相应的技术经济比较,提出推荐方案。

(15)通信过渡方案

工程实施造成现有光缆开断时,提出受影响光缆上承载业务的通信过渡方案。论述变电站通信设备的供电方案,提出通信部分电源具体配置要求。

4.2.5 变电站站址

(1)选择基本规定

应结合系统论证,进行工程选站工作,并概述工程所在地区经济社会发展规划及站址选择过程。应充分考虑站址周边发展规划、进出线条件、土地用途、土地性质、地震地质、交通运输、站用水源、站外电源、环境影响等多种因素,重点解决站址的可行性问题,避免出现颠覆性因素。

(2)站址区域概况

站址区域概况描述应包含以下内容:站址所在位置的省、市、县、乡镇、村落名称。站址地理状况描述:站址的自然地形、地貌、海拔高度、自然高差、植被、农作物种类及分布情况。站址土地使用状况:说明目前土地使用权,土地用途(建设用地、农用地、未利用地),地区人均耕地情况。交通情况:说明站址附近公路、铁路、水路的现状与站址的位置关系,进所道路引接公路的名称、路况及等级。与城乡规划的关系及可利用的公共服务设施。矿产资源:站址区域矿产资源及开采情况,对站址安全稳定的影响。历史文物:文化遗址、地下文物、古墓等的描述。邻近设施:站址附近军事设施、通信设施、飞机场、导航台、输油和天然气等管线、环境敏感目标(风景名胜区和自然保护区、饮用水水源保护区、民房、医院、学校、工厂、办公楼等)与变电站的相互影响,站址附近易燃易爆源(油库、炸药库等)与变电站的安全距离。

（3）进出线条件

按本工程最终规模出线回路数，规划出线走廊及排列次序。根据本工程近区出线条件，研究确定按终期规模建设或本期规模建设变电站出口线路的必要性和具体长度，明确是否存在拆迁赔偿，线路走廊通道资源等。

（4）站址工程地质

工程地质应说明以下方面：说明站址区域地质、区域构造和地震活动情况，确定地震动参数及相应的抗震设防烈度；查明站址的地形、地貌特征，地层结构、时代、成因类型、分布及各岩土层的主要设计参数、场地土类别、地震液化评价、地下水类型、埋藏条件及变化规律，确定地基类型；查明站址是否存在活动断裂以及危害站址的不良地质现象，判断危害程度和发展趋势，提出防治意见。对于可能导致地质灾害发生或位于地质灾害易发区的站址，应由有资质的单位进行地质灾害危险性评估，提出场地稳定性和适宜性的评价意见；建议出具地基处理方案及工程量预估。

（5）交通运输

说明大件运输的条件并根据水路、陆路、铁路等情况综合比较运输方案，运输条件困难地区应做大件运输专题报告。

（6）站外电源

说明站外电源的引接方案及工程量并提供相关协议。

（7）站址方案技术经济比较

应包括以下内容：地理位置、系统条件、出线条件、本期和远期的出线工程量及分期建设情况、防洪涝及排水、土地性质、地形地貌、土石方工程量、边坡挡土墙工程量、工程地质、水源条件、进站道路、大件运输条件、地基处理、站外电源、拆迁赔偿情况、对通信设施影响、运行管理、环境情况、施工条件等。

（8）收集资料情况和必要的协议

说明与有关单位收集资料和协商的情况，包括规划、国土、林业（畜牧）、地矿、文物、环保、地震、水利（水电）、通信、文化、军事、航空、铁路、公路、供水、供电、油气管道等部门。规划、国土协议为必要协议。当站址位于矿产资源区、历史文物保护区、自然保护区、风景名胜区、饮用水水源保护区等敏感区域内时，需同时取得相关主管部门的协议。协议应作为附件列入可行性研究报告。

（9）勘测要求

勘测探测点布置执行《变电站岩土工程勘测技术规程》（DL/T 5170）的要求；站址方案地形图测量比例不宜低于1∶2 000。对全（半）地下变电站，应收集站址范围及周边各种地下管线的路径和埋深、地表水体和暗沟（塘）、地下构筑物、邻近建（构）筑物的基础范围及埋深等资料。兼顾基坑勘测的内容与要求，查明邻近建筑物和地下设施的分布现状、特性,对施工振动、位移的承受能力,以及施工降水对其的影响,并对必要的保护措施提出建议;分析评价基坑开挖的可行性,初步提出基坑支护方案和必要的地下水控制措施;分析论证地基类型,当需要进行地基处理或采用桩基础时,应对方案进行论证,并提出建议方案。

(10)扩建工程

需说明站址地理位置、建成投运时间、总平面布置出线方向、前期工程已征地面积、围墙内占地面积、本期工程扩建规模、占地面积是否需要新征土地等。如需征地,应取得新征用地规划、国土等部门的协议。

4.2.6　变电站工程

(1)电气主接线及主要电气设备选择

根据变电站规模、线路出线方向、近远期情况、系统中位置、站址具体情况和短路电流水平、中性点接地方式等,在进行综合分析比较的基础上,对变电站的电气主接线和主要电气设备的选择提出初步意见。对新技术的采用进行简要分析。对采用紧凑型设备和大容量电气设备方案,需进行技术经济比较,提出推荐意见。对于扩建变压器、间隔设备工程,需注意与已有工程的协调,校核现有电气设备及相关部分的适应性,有无改造搬迁工程量。对涉及拟拆除的一、二次设备进行设备寿命评估和状态评价,列举拟拆除设备清单并提出拟拆除设备处置意见。

(2)电气布置

应包含以下内容:说明各级电压出线走廊、排列顺序,新建变电站应提供 2 个以上的全站电气总平面布置方案;应简述各级高压配电装置形式选择、高压配电装置的间隔配置及近远期配合措施等;应说明站用电源方案及直击雷防护方案;根据土壤情况及必要的电气计算,分析确定接地网形式。

(3)电气二次设计

应包含以下内容:简述变电站自动化系统的控制方式的选择,简述依据一次系统稳定计算结论确定的采样方式,提出变电站自动化系统的构成、系统网络和设备配置方案。对需结合本工程改造的自动化系统,应提出设计方案,说明必要性、可行性,提出改造方案和投资估算。简述主变压器、电容器、电抗器、站用变等主要元件保护配置原则。存在新能源、电铁及用户接入的变电站,应根据接入系统阶段电能质量评估等要求相应配置电能质量监测装置。简述直流电源系统电压选择,提出直流电源系统、交流不停电电源(UPS)装置、直流变换电源装置等配置方案,直流系统应该按照最终规模统计直流负荷和 UPS 负荷,明确蓄电池、充电模块、UPS 容量等具体方案。简要说明全站时间同步系统、智能辅助控制系统、一次设备在线监测及光、电缆等的配置原则。简要说明二次设备室、二次设备预制舱、继电器小室等二次设备布置及组柜的主要设计方案。

(4)站区总体规划和总布置

说明站区总体规划的特点,进出线方向和布置,进站道路的引接技术方案,对站区总平面布置方案和竖向布置方式的设想,场地设计标高的选择,站区的排水方案设想,站区防洪防涝措施的规划。预估区围墙内占地面积和本工程总征地面积。

4.2.7 输电线路工程

(1)线路路径方案

应考虑以下方面:

①输电线路路径选择应重点解决线路路径的可行性问题,避免出现颠覆性因素。

②根据室内选线、现场勘查、收集资料和协议情况,原则上宜提出两个及以上可行的线路路径,并提出推荐路径方案。受路径协议、沿线障碍等限制,当局部只有一个可行的路径方案时,应有专门论述并应取得明确的协议支撑。

③明确线路进出线位置、方向,与已有和拟建线路的相互关系,重点了解与现有线路的交叉关系。

④应优化线路路径,尽量避让环境敏感点、重覆冰区、易舞动区、山火易发区、不良地质地带和采动影响区,减少对铁路、高速公路和重要输电线路等的跨(钻)越次数。

⑤路径方案概述包括各方案所经市、县(区)名称,沿线自然条件(海拔、高程、地形地貌)、水文气象条件(含河流、湖泊、水源保护区、滞洪区等水文,包括雷电活动,微气象条件)、地质条件(含矿产分布)、交通条件、城镇规划、重要设施(含军事设施)、自然保护区、环境特点和重要交叉跨越等。

⑥说明与工程相关单位收集资料和协商情况。当线路位于矿产资源区、历史文物保护区、自然保护区、风景名胜区、饮用水水源保护区等敏感区域内时,应同时取得相关行业主管部门的协议。

⑦说明各方案对电信线路和无线电台站的影响分析。

⑧对比选方案进行技术经济比较,说明各方案路径长度、地形比例、曲折系数、房屋拆迁量、节能降耗效益等技术条件、主要材料耗量、投资差额等,并列表比较后提出推荐方案。

⑨线路经过成片林区时,宜采用高跨方案,在重覆冰区、限高区等特殊地段需要砍伐时应进行经济技术比较,明确砍伐范围。高跨时应明确树木自然生长

高度,跨越苗圃、经济林、公益林时应提供相关赔偿依据。

⑩应明确工程引起的拆除及利旧情况,当线路走廊清理费用较大,清理范围较集中时,应提供线路走廊清理工程量明细。

⑪当线路跨越已有线路需停电时,应提供停电过渡方案。

⑫对推荐路径方案做简要描述,说明线路所经市、县(区)名称,沿线自然条件和环境敏感点,并说明推荐路径方案与沿线主要部门原则协议情况。

(2)线路导地线形式

应包括以下内容:

①根据系统要求的输送容量,结合沿线地形、海拔、气象、大气腐蚀、电磁环境影响及施工运维等要求,通过综合技术经济比较,推荐导线型式。

②根据导地线配合、地线热稳定、系统通信等要求,推荐地线型号。

③列出推荐的导地线机械电气特性,防振、防舞措施。

(3)绝缘配置

以污区分布图为基础,结合线路附近的污秽和发展情况,综合考虑环境污秽变化因素、海拔修正和运行经验,确定绝缘配置方案。

(4)杆塔和基础形式

应包含以下内容:

①根据工程特点,结合通用设计,进行全线杆塔塔型规划并提出杆塔主要形式和结构方案。

②结合工程特点、施工条件和沿线主要地质情况,提出推荐的主要基础形式。

③在山区等复杂地形,提出采用全方位铁塔长短腿、高低基础等设计技术、原状土基础等,减少土方开挖、保护植被的技术方案。

④提出特殊气象区杆塔形式论证和不良地质条件的基础形式论证专题。

4.2.8 大跨越工程

(1)跨越点位置概况

应说明各方案所在市、县(区)名称,点位自然条件(海拔高程、地形、地质、水文、规划、交通等)。

(2)跨越形式

根据地形、地质、通航、施工和运行条件等确定跨越方式、档距、塔高,并根据系统规划确定回路数及投资估算。

(3)影响分析

应分析各方案对电信线路和无线电台站的影响;分析各方案林木砍伐和拆迁简要情况及环境保护初步分析。

（4）航空要求

各跨越方案应满足机场或导航台等设施的相关规定和技术标准，并描述跨越塔采取的航空警示方案。

（5）推荐方案描述

结合路径方案，说明各方案技术条件、主要材料耗量、投资差额等，列表进行比较，并提出推荐方案，论述推荐理由，描述推荐方案；应说明推荐跨越点位置方案与沿线主要部门原则协议情况。

4.2.9 投资估算及财务评价

（1）投资估算

项目划分、费用构成及计算方法执行现行的电网工程建设预算编制与计算规定，并应满足以下要求：

①根据工程设想的主要技术原则编制输变电工程投资估算，其内容深度应满足国家或地方发展和改革委员会对项目核准的要求，同时应具备与通用造价或限额指标对比分析的条件。

②投资估算编制说明应包括工程规模描述、估算编制的依据和原则、与通用造价或限额指标的造价对比分析。

③土地征用、地上附着物赔偿等费用应有费用计列依据或支持性文件。

④大件运输措施费应提供措施方案并按国家电网公司相关规定计算费用。

⑤现场人员管理系统费用应提供相关方案并按国家电网公司相关规定计算费用。

投资估算应包括但不限于以下内容：

工程规模的简述、估算编制说明、总估算表、专业汇总估算表、单位工程估算表、其他费用计算表、工程概况及主要技术经济指标表、建设场地征用及清理费用估算表、编制基准期价差计算表及勘测设计费计算表等。如工程需进口设备或材料，应说明输变电工程所用外汇额度、汇率、用途及其使用范围。施工水源、施工电源应提供相应的技术方案。

（2）评价方法及相关规定

输变电工程财务评价方法及相关规定主要包括以下内容：

①财务评价工作执行国家和行业主管部门发布的有关文件和规定。

②财务评价采用的有关原始数据应客观真实，并符合有关规定或相关协议。

③收益和债务偿还分析应按计算期、还贷期两个阶段分别说明。

④主要财务评价指标及简要说明应有下列内容：财务内部收益率（全部投资、资本金）及投资回收期；投资利润率、投资利税率、利息备付率、偿债备付率、

资产负债率及资本金净利润率;偿还贷款的收入来源。

⑤当有多种投融资条件时,应对投融资成本进行经济比较,选择条件优惠的贷款。

⑥敏感性分析及说明。

⑦综合财务评价结论。

4.2.10　可研图纸要求

(1)现状电网地理接线图

应表明与本变电站相关地区现有电网的连接方式,以及线路走向和长度。工程投产年电网地理接线图应表示与本变电站相关地区在本期工程接入系统后电网的连接方式,以及线路走向和长度。

(2)远景年电网规划图。

应表示与本变电站相关地区规划电网的连接方式,以及线路走向和长度。

(3)光缆路由现状图

应示意与变电站投产前所在地理位置有关的光缆网络现状。

(4)光缆建设方案图

应示意变电站投产后,变电站接入系统的光缆建设方案。

(5)光传输网现状图

应示意与变电站投产前所在地理位置有关的光传输网现状。

(6)光传输网建设方案图

应示意变电站投产后,变电站接入系统的光传输电路建设方案。

(7)变电站地理位置图

变电站地理位置图 1∶50 000—1∶100 000。应表明与本工程设计方案有关的规划电厂、变电站和线路等,重点示意本变电站所处的地理位置及变电站出线走廊。站区总体规划图(标注地形、进站道路引接、进出线建设规划、技术经济指标),应表明站址位置、道路引接、给排水设施、进出线方向、站区用地范围和主要技术经济指标等。

(8)总平面布置图(含电气总平面)

应标明主要电气设备、主要建(构)筑物、道路及各级电压配电装置等。建筑平面布置图[全(半)地下变电站提供],图纸应示意设备及辅助用房、楼梯间、吊装孔、通风井等布置,分层的建筑面积等。

(9)电气主接线图

应表明本、远期电气接线,并对本工程及预留扩建加以区别。

(10)线路路径方案图

应在不低于1∶100 000精度地形图上表示路径,并注明气象条件、环境控制点等重点情况。

(11)大跨越路径方案图

应对重点情况加以说明。

(12)大跨越平断面图

应注明洪水位高程、通航桅杆高度、重要跨越物高程、跨越线与控制点的净空高度、河流方向等基本参数。

(13)杆塔和基础形式图

应表明线路使用的主要杆塔和基础形式。

(14)绝缘子金具串型一览图

应包含导线、跳线、地线绝缘金具主要串型等金具,并注明金具名称、强度等基本参数。

4.3　10(20)kV-500 kV 电缆线路工程可行性研究

本节根据《10(20)千伏－500千伏电缆线路工程可行性研究内容深度规定》(Q/GDW 11996—20)编制。

4.3.1　66 kV 电缆线路工程设计依据

工作任务的依据,经批准或上报的前期工作审查文件或指导性文件。

与本工程有关的其他重要文件。

开展项目可行性研究的委托函或设计咨询合同。

4.3.2　66 kV 电缆线路工程概况描述内容

电网规划情况、近期及远期规模及前期工作情况。

对改建工程应简述先期工程情况。

电气部分概况,包括线路起讫点、输电容量、电压等级、回路数、敷设方式、路径长度、电缆截面、通信方案。

土建部分概况,新建电缆通道工程应包括电缆通道形式、规模、施工工法。

架空线路及电缆混合线路工程还应包括新建电缆终端塔、杆、站的规模和数量,以及工程投资。

4.3.3 66 kV 电缆线路工程设计范围

包含电缆线路与变电站、架空线路衔接的设计,对改建工程,还应包含原有工程情况与本期建设的衔接和配合。

包含与外部协作项目情况,以及设计的分工界限。

4.3.4 66 kV 电缆线路建设必要性

35 kV 及以上电缆线路应结合当地经济发展论述线路工程建设的必要性。

电缆线路应结合电网规划、各级国土空间规划、地区性政策要求、供电分区等情况论述采用电缆线路而非架空线路的必要性或依据。

新建电缆通道工程应从电网规划、地区性政策等角度论述电缆通道先行建设的必要性。

4.3.5 66 kV 电缆线路路径方案内容要求

应考虑各路径方案沿线城镇规划、地形、地质、水文、主要河流、铁路、地铁、二级以上公路、园林、环境特点、特殊障碍物等。

电缆线路路径沿线协议明细。电缆线路特殊地段、管线交叉及采取的处理措施。

必要时应考虑电缆线路对邻近通信电缆、建(构)筑物及相关设备的影响及其防护措施。

说明近、远期电缆路径和通道的规划。

应提供线路通道清理(包含地上及地下部分)工程量明细。

4.3.6 66 kV 电缆及附件选型要求

根据系统要求的输送容量、电压等级、系统最大短路电流时热稳定要求、敷设环境和以往工程运行经验并结合本工程特点,进行电缆选型。

应对电缆的主要技术参数进行论证,如电缆截面、绝缘类型、外护套等,通过方案比选确定电缆形式。

根据电压等级、电缆绝缘类型、安置环境、污秽等级、海拔高度、作业条件、工程所需可靠性和经济性等要求,对电缆终端、中间接头、交叉互联箱、接地箱、交叉互联电缆、接地电缆(必要时含回流线)、护层保护器等电缆附件进行选型。

4.3.7 66 kV 电缆敷设方式要求

进行电缆敷设方式的多方案比选,推荐合理的敷设方式,并提出推荐理由。

综合考虑电缆的输送容量、通道容量,论述电缆在新建、已建电缆通道、工作井、电缆夹层、电缆竖井中的排列方式及敷设位置。

根据电缆通道及电缆敷设方式确定电缆的支持与固定方式。

4.3.8　电缆终端杆、塔、站设计要求

应根据电网及国土规划、电压等级、引下线方式、占地面积、线路路径情况及运维要求,进行电缆终端杆、塔、站方案综合比较,并提出推荐方案。

应根据电网及国土规划、线路路径情况,进行电缆终端站选站工作。

应充分考虑地方规划、土地规划、土地用途、架空线与电缆进出线条件等多种因素,重点解决终端站站址的可行性问题,避免出现颠覆性因素。

应根据工程实际情况对选用电缆终端杆、塔、站的通用设计模块进行说明。